高等学校设计学类专业应用型本科"十四五"规划教材

快题设计思维解析与创作表现

主 编 惠 博 吕从娜
副主编 张 佳

武汉理工大学出版社
·武汉·

内容提要

本书以提升环境设计专业方案设计的思维解析与创作表现的高效性训练为核心教学方法,旨在培养学生解决综合问题的能力,突出环境设计专业方向的特点,并着重培养学生快速识别并解决具有代表性设计难题的能力,使学生掌握科学的设计理念与方法,并能切实有效地呈现出合理且优化的设计方案。本书共分为六章:第一章概述了快题设计的基本内容;第二至第五章构成本书的核心内容,详细阐述了快题设计的流程与绘制方法、思维解析、创作表现以及教学案例,深入讲解了快题设计流程、设计思维解析、设计创意生成以及设计表达等。第六章则聚焦于实践应用案例的探究,旨在将快题设计方法应用于实际建设中。

本书适用于环境设计、环境艺术设计等专业的学生及教师群体。对于初学者而言,本书可作为入门指南,帮助他们快速掌握快题设计的基础知识与实践技能;对于具有一定基础的设计师而言,本书则可作为提升专业素养与深化理解的参考资料。建议读者在阅读过程中,注重理论与实践的紧密结合,通过深入剖析案例来加深对理论知识的理解与掌握。同时,本书鼓励读者在设计实践中勇于创新,不断探索与尝试新的设计方法与技巧。

图书在版编目(CIP)数据

快题设计思维解析与创作表现 / 惠博,吕从娜主编. -- 武汉:武汉理工大学出版社,2024.12. -- ISBN 978-7-5629-7162-7

Ⅰ. TU-856

中国国家版本馆 CIP 数据核字第 2024BD2946 号

快题设计思维解析与创作表现

项目负责人:王利永(027-87290908)　　**责任编辑**:王　思　廖　婧

责 任 校 对:张明华　　　　　　　　　　**版面设计**:博壹臻远

出 版 发 行:武汉理工大学出版社

网　　　　址:http://www.wutp.com.cn

地　　　　址:武汉市洪山区珞狮路 122 号

邮　　　　编:430070

印　刷　者:湖北金港彩印有限公司

发　行　者:各地新华书店

开　　　　本:880mm×1230mm　1/16

印　　　　张:11

字　　　　数:350 千字

版　　　　次:2024 年 12 月第 1 版

印　　　　次:2024 年 12 月第 1 次印刷

定　　　　价:45.00 元

凡购本书,如有缺页、倒页、脱页等印装质量问题,请向出版社发行部调换。本社购书热线电话:027-87523148　027-87391631　027-87165708(传真)

·版权所有,盗版必究·

前言

本书内容旨在系统地解析快题设计的思维模式，深入探讨其创作表现技巧，以提升读者的设计能力和创新思维水平。本书注重理论与实践相结合，力求使读者在掌握基本理论知识的同时，能够灵活运用所学技能进行实际操作，达到学以致用的目的。

全书内容主要包括快题设计概述、快题设计流程与绘制方法、快题设计思维解析、快题设计创作表现、快题设计教学案例与实践应用案例等。在内容上，本书注重三个方面特点：一是系统性，全面梳理快题设计的理论体系，从概念、方法到实践应用，形成完整的知识体系；二是实用性，结合大量实际案例，分析快题设计的创作过程和技巧，使读者能够更好地理解和掌握所学知识；三是创新性，注重培养读者的创新思维，鼓励读者在设计中展现个性和创意，形成独特的设计风格。

本书突出了环境设计专业的侧重点和训练方法，明示快题设计在教学中的针对性和科学性。同时，本书配以相关课程录制视频，植入对应的知识点，链接对应网络课程，使应用型教材内容丰富，呈现形式多样，拓展纸媒与网媒结合的可能性与延展性，可供图书馆、资料室收藏，以及作为设计爱好者的参考书或工具书。

在编写过程中，编写团队遵循了三个方面原则：一是确保内容准确、严谨，符合设计学科的教学要求，体现科学性；二是针对不同读者的需求和特点，合理设置本书内容难度和深度，体现针对性；三是注重实践环节的设计，使读者能够通过实际操作加深对理论知识的理解，体现实践性。

本书由沈阳城市建设学院和沈阳众匠景观设计有限公司联合编写，沈阳城市建设学院惠博、吕从娜担任主编，沈阳众匠景观设计有限公司张佳担任副主编，沈阳城市建设学院张宇飞参编。具体分工如下：惠博负责编写第1至6章，吕从娜负责编写第2章教学汇编内容，张佳负责编写第6章案例解析部分内容，张宇飞负责编写各章思考题。全书由惠博负责最终的统稿工作。

编写团队广泛搜集了相关文献资料，借鉴了国内外先进的教学经验，结合作者多年的教学实践经验，力求使本书内容更加贴近实际、贴近读者。

在编写本书的过程中，编写团队得到了众多专家、学者的指导和帮助，在此表示衷心的感谢。同时，感谢出版社的支持和信任，使本书的编写工作能够顺利完成。

由于编者水平有限，书中难免存在错漏，恳请读者批评指正！

编 者

2024年2月10日

目 录

第1章 快题设计概述 ... 1

1.1 快题设计的历史与发展 ... 1
- 1.1.1 早期快题设计的起源和演变 ... 1
- 1.1.2 当代快题设计的趋势与影响 ... 1

1.2 快题设计的基本原则与概念 ... 2
- 1.2.1 设计思维与快速创作 ... 2
- 1.2.2 创意、功能与美学在快题设计中的角色 ... 2

1.3 快题设计与室内外环境设计的关系 ... 3
- 1.3.1 快题设计在空间创造中的应用 ... 3
- 1.3.2 环境设计中的快题技术和方法 ... 3

思考题 ... 4

第2章 快题设计流程与绘制方法 ... 5

2.1 快题设计的标准流程 ... 5
- 2.1.1 从概念到草图:快速构思方法 ... 5
- 2.1.2 评估与迭代:提升设计效率的技巧 ... 6

2.2 绘制技术与工具 ... 28
- 2.2.1 传统与数字绘图工具的比较 ... 28
- 2.2.2 最新软件和技术在快题设计中的应用 ... 28

2.3 具体操作与实施 ... 31
- 2.3.1 快题设计流程 ... 31
- 2.3.2 绘制方法 ... 31

思考题 ... 32

第3章 快题设计思维解析 ... 37

3.1 设计思维与创意生成 ... 37
- 3.1.1 探索设计思维在快题设计中的应用 ... 37
- 3.1.2 创意发展的策略与过程 ... 37

3.2 情境分析与需求识别 ... 44
- 3.2.1 理解和分析设计情境 ... 44
- 3.2.2 识别用户需求与设计目标 ... 44

3.3 快题设计中的创新与实验 ... 56
- 3.3.1 促进创新思维的方法和技巧 ... 56
- 3.3.2 实验与探索在快题设计中的重要性 ... 57

思考题 ... 57

第4章　快题设计创作表现······66

4.1　设计方案的构成与表达······66
4.1.1　室内快题设计方案的构成与表达······66
4.1.2　景观快题设计方案的构成与表达······73

4.2　设计表现技巧······73
4.2.1　色彩运用······79
4.2.2　画面节奏······79
4.2.3　字体与版式······79
4.2.4　作图顺序与工作内容······79
4.2.5　设计思维与操作······79

4.3　快题设计表达······92
4.3.1　室内快题设计表达的主要内容······92
4.3.2　景观快题设计表达的主要内容······97

思考题······97

第5章　快题设计教学案例······116

5.1　室内快题设计案例评析······116
5.1.1　居住空间室内快题设计评析······116
5.1.2　公共空间室内快题设计评析······121

5.2　景观快题设计案例评析······128
5.2.1　公园快题设计评析······128
5.2.2　广场景观快题设计评析······138

思考题······138

第6章　快题设计实践应用案例······146

6.1　案例一　舜安军创主题酒店的客房设计方案······146
6.1.1　客房设计主题······146
6.1.2　客房设计特色······148
6.1.3　客房设计手法······149

6.2　案例二　内蒙古阿尔山市市民广场景观设计方案······150
6.2.1　定位及愿景······150
6.2.2　设计方案······150

思考题······167

参考文献······168

第1章 快题设计概述

1.1 快题设计的历史与发展

1.1.1 早期快题设计的起源和演变

快题设计的起源可以追溯至设计学科的发展初期。随着设计教育的兴起，人们逐渐认识到设计思维与实践能力的重要性。快题设计作为一种能够迅速展现设计理念与方案的形式，逐渐受到设计师和教育者的关注。

在早期，快题设计主要作为训练和检验设计师思维能力与应变能力的手段。它要求设计师在短时间内快速构思、表达和完成设计方案，从而锻炼其快速思考和解决问题的能力。这种设计实践有助于设计师在日后的实际工作中更好地应对各种复杂的设计任务。

随着设计学科的不断发展和完善，快题设计的形式和内涵也逐渐演变。从最初的简单手绘草图，到后来的计算机绘图和三维建模，快题设计的表达形式日益丰富多样。同时，其内容也逐渐涵盖更广泛的设计领域，如建筑设计、室内设计、景观设计等。

在现代设计教育中，快题设计已经成为一种重要的教学手段。它不仅有助于学生提升设计技能和表达能力，还可以帮助他们建立设计思维和解决问题的方法论。此外，在设计竞赛和职业考试中，快题设计也经常被用作评判设计师能力的重要标准。

综上所述，早期快题设计的起源可以追溯到设计学科的发展初期，并随着设计学科的不断发展和完善而逐渐演变。如今，快题设计已经成为一种重要的设计实践和教学方法，为培养具有创新思维和实践能力的设计师提供了有力的支持。

1.1.2 当代快题设计的趋势与影响

当代快题设计的趋势与影响主要体现在以下几个方面：

首先，快题设计更加注重创意与实用性的结合。随着设计行业的发展，越来越多的设计师意识到创意与实用性并重的重要性。因此，当代快题设计不仅要求方案新颖独特，能够吸引眼球，还要注重其实际应用价值，确保设计能够解决实际问题，满足用户需求。

其次，快题设计趋于多元化与跨界融合。在全球化背景下，不同文化、不同领域之间的交流与碰撞日益频繁。这促使快题设计逐渐摆脱传统框架的限制，开始尝试与其他领域进行跨界融合，形成多元化的设计风格。例如，将快题设计与科技、艺术、文化等领域相结合，可以创造出更具创新性和独特性的设计作品。

再次，快题设计注重可持续发展理念。随着环保意识的提高，越来越多的设计师开始关注设计的生态性和可持续性。当代快题设计也不例外，它强调在设计过程中充分考虑环境、资源和经济等因素，以实现设计的可持续发展。这不仅有助于提升设计的品质和价值，也符合当代社会对绿色、环保的追求。

最后，快题设计的影响不仅体现在设计领域内部，而且逐渐渗透到其他相关领域。例如，在建筑、室内、景观等领域中，快题设计已经成为一种重要的表达和沟通工具。通过快题设计，设计师可以直观地展示自己的设计理念和方案，与业主、客户或团队成员进行有效沟通。此外，快题设计还可以作为设计竞赛、职业考试或教学实践的重要内容，对于提升设计师的综合素质和能力具有积极作用。

综上所述，当代快题设计呈现出创意与实用性并重、多元化与跨界融合、注重可持续发展与广泛影响等趋势。这些趋势不仅推动了快题设计本身的创新与发展，也为整个设计行业注入了新的活力和动力。

1.2 快题设计的基本原则与概念

1.2.1 设计思维与快速创作

设计思维与快速创作之间存在着密切的联系。设计思维是一种以人为本的创新方法，旨在解决复杂问题，将技术可行性、商业策略与用户需求进行精准匹配，进而转化为客户价值和市场机会。这种思维方式倡导综合性思考，强调将问题视为一个整体，综合考虑多个维度和因素，提出创新的解决方案。

在快速创作的过程中，设计思维发挥着至关重要的作用。首先，设计思维能够帮助创作者快速理解问题并明确目标，通过深入剖析问题，准确地把握其本质和关键要素，从而进行有针对性地创作。

其次，设计思维强调用户导向，关注用户需求和体验。在快速创作时，创作者需要站在用户的角度思考，深入了解用户的需求和期望，确保作品能够满足用户的实际需求。这种以用户为中心的设计思维，有助于提升作品的实用性和吸引力。

最后，设计思维还鼓励开放性和多样性的思考方式。在快速创作的过程中，创作者需要勇于尝试新的思路和解决方案，打破传统框架的束缚，寻求更多的创新可能性。这种开放性的思维方式，有助于激发创作者的灵感和创造力，推动作品持续创新和发展。

此外，设计思维强调迭代和反馈的重要性。在快速创作的过程中，创作者需要不断试错、修正和优化，通过反馈机制来持续提升作品的质量和效果。这种迭代式的创作方式，有助于确保作品在短时间内达到较高的水平。

综上所述，设计思维对快速创作具有重要的指导意义。通过运用设计思维的方法论和工具，创作者可以更加高效地进行创作，提升作品的创新性和实用性，切实满足用户的实际需求。

1.2.2 创意、功能与美学在快题设计中的角色

在快题设计中，创意、功能与美学共同构成了设计的核心要素，各自扮演着不可或缺的角色。

首先，创意是快题设计的灵魂。它代表了设计师独特的思维方式和解决问题的能力。优秀的创意能够突破常规，引领潮流，使设计作品在众多方案中脱颖而出。在快题设计中，时间紧迫，要求设计师在有限的时间内迅速构思出新颖、独特的设计方案。因此，创意的激发和捕捉尤为重要。设计师需要通过敏锐地观察、深入地思考和丰富地想象，挖掘隐藏在问题背后的本质，从而提出具有创新性的解决方案。

其次，功能是快题设计的基石。任何设计作品都需要满足一定的使用需求，否则将失去存在的意义。在快题设计中，设计师需要在有限的时间内充分考虑用户的需求和习惯，确保设计作品能够满足实际使用的要求。同时，设计师还需要关注设计的可行性和实用性，确保设计作品能够在现实中得到顺利实施。功能性的实现需要设计师具备扎实的专业知识和丰富的实践经验，以便在快速构思和表达中不失对实用性的关注。

最后，美学是快题设计的升华。它关乎设计作品的视觉效果和审美价值，能够提升用户的感官体验和增强情感共鸣。在快题设计中，设计师需要在短时间内将美学元素融入作品中，使其既具有实用性又具有艺术性。这要求设计师具备较高的审美素养和设计技巧，能够运用色彩、线条、形状等视觉元素，营造出和谐、美观的视觉效果。同时，设计师还需要关注设计的文化内涵和时代特征，使设计作品能够与用户产生情感共鸣。

综上所述，创意、功能与美学在快题设计中相互依存、相互促进。创意为设计提供动力和方向，功能是设计的基础和保障，而美学则使设计作品更具吸引力和感染力。三者共同构成了快题设计的核心要素，推动着设计作品不断向前发展。

1.3 快题设计与室内外环境设计的关系

1.3.1 快题设计在空间创造中的应用

快题设计在空间创造中的应用广泛而深入，其独特的设计理念和快速的实现过程为空间创造提供了强有力的支持。以下是一些具体的应用方式：

首先，快题设计能够快速捕捉和表达空间创造中的创意。空间创造往往需要对现有空间进行优化、改造或重新设计，以满足新的功能需求或提升用户体验。快题设计通过其快速构思和表达的特点，能够迅速捕捉设计师在空间创造中的创意灵感，并将其转化为具体的设计方案。这有助于设计师在有限的时间内，快速验证和完善设计想法，提高设计效率。

其次，快题设计能够灵活应对空间创造中的功能需求。空间创造往往涉及多种功能需求的整合和协调，例如商业空间需要同时满足购物、休闲、娱乐等多种功能。快题设计能够根据具体需求，快速调整和优化设计方案，确保空间功能的合理布局和高效利用。这种灵活性使快题设计在空间创造中具有很高的实用价值。

此外，快题设计还注重空间创造中的美学表达。空间创造不仅要求满足功能需求，还需要在视觉上呈现出美观、舒适的效果。快题设计注重美学元素的融入，通过色彩、材质、光影等设计手法，营造出独特而富有感染力的空间氛围。这种美学表达能够提升空间的品质和价值，增强用户的体验感和归属感。

最后，快题设计还能够与其他设计方法和理念相结合，共同推动空间创造的发展。例如，可以与可持续发展理念相结合，注重环保和节能的设计方案；也可以与智能化技术相结合，打造智能、便捷的空间环境。这种跨界融合有助于拓展快题设计的应用领域和深度，为空间创造提供更多可能性。

综上所述，快题设计在空间创造中的应用具有多方面的优势和价值。它不仅能够快速捕捉和表达创意，灵活应对功能需求，还能注重美学表达并与其他设计方法和理念相结合。这些特点使快题设计成为空间创造领域中一种重要而有效的设计手段。

1.3.2 环境设计中的快题技术和方法

环境设计中的快题技术和方法主要关注在较短时间内，以高效和创造性的方式表达设计思路和解决方案。以下是一些关键的技术和方法：

（1）明确设计目标：在开始设计之前，首先要明确设计目标，包括设计要解决的核心问题、预期达到的效果以及目标受众等。这有助于设计师在后续的设计过程中保持明确的方向。

（2）快速构思与草图：快题设计强调快速构思和草图的绘制。设计师可以通过手绘或数字工具迅速捕捉设计灵感，并将这些灵感转化为草图或初步方案。这个过程有助于设计师快速尝试多种设计方向，并筛选出最具潜力的方案。

（3）提炼设计亮点：在快题设计中，提炼和突出设计亮点是非常重要的。设计师应选择与主题紧密相关、能够体现设计特色的元素，通过巧妙的组合和布局，将其呈现为设计的亮点。这有助于提升设计的吸引力和辨识度。

（4）运用传统文化元素：环境设计中的快题可以融入传统文化元素，如诗词、山水画、园林等，以增强设计的文化内涵和表现力。这些元素不仅可以为设计提供灵感，还可以使设计更具民族特色和文化底蕴。

（5）注意比例与构图：在快题设计中，比例和构图是影响视觉效果的关键因素。设计师应根据设计目标和受众需求，选择合适的比例和构图方式，使设计作品在视觉上更加和谐、美观。

（6）注重功能性与实用性：环境设计不仅要追求美观，还要注重功能性和实用性。设计师在快题设计中应充分考虑使用者的需求和习惯,使设计作品能够满足实际使用要求,提高空间的使用效率。

(7)快速反馈与调整:快题设计过程中,设计师应保持与团队成员或客户的沟通,及时获取反馈并调整设计方案。这有助于设计师在有限的时间内不断完善设计作品,提高设计质量。

综上所述,环境设计中的快题技术和方法涵盖了明确设计目标、快速构思与草图、提炼设计亮点、运用传统文化元素、注意比例与构图、注重功能性与实用性以及快速反馈与调整等方面。这些技术和方法有助于设计师在较短的时间内高效地完成高质量的环境设计作品。

思考题一

在快题设计中,如何平衡设计的创新性和实用性?

思考题二

你认为什么样的设计能够在满足项目需求的同时,展现出独特的创新性?

第 2 章 快题设计流程与绘制方法

2.1 快题设计的标准流程

2.1.1 从概念到草图:快速构思方法

在环境设计中,从概念到草图的快速构思是一个关键的过程,它涉及设计师如何将初始的设计理念迅速转化为具体的图形表达。以下是一些有效的快速构思方法:

(1)明确设计概念:首先,设计师需要清晰地定义设计概念,这通常基于对设计任务的理解、对场地环境的分析以及对目标受众的考虑。明确的设计概念为后续的草图构思提供了指导。

(2)头脑风暴与草图记录:设计师可以通过头脑风暴的方式,快速产生多个设计方向或点子。同时,使用草图来记录这些初步的构思是必要的,因为草图能够直观地展现设计师的思考过程,并有助于捕捉瞬间的灵感。

(3)筛选与深化:在产生一定数量的草图后,设计师需要对其进行筛选,选择出最具潜力和符合设计概念的方案。然后,对这些选定的方案进行深入的研究和细化,进一步完善其形态、空间布局和功能分区等。

(4)注重比例与构图:在草图构思阶段,设计师还需要注意比例和构图的运用。合理的比例能够确保设计的真实性和准确性,而巧妙的构图则能够提升设计的视觉效果和吸引力。

(5)利用模板与参考:设计师可以借鉴已有的设计模板或参考案例,以快速获取设计灵感和思路。这并不意味着直接复制他人的设计,而是通过学习他人的优点和特色,将其融入自己的设计构思中。

通过以上方法,设计师可以更有效地从概念到草图进行快速构思,为后续的详细设计打下坚实的基础。同时,不断积累经验和锻炼技能也是提高快速构思能力的关键,如图 2.1 至图 2.3 所示。

图 2.1 客厅室内效果图(线稿图)

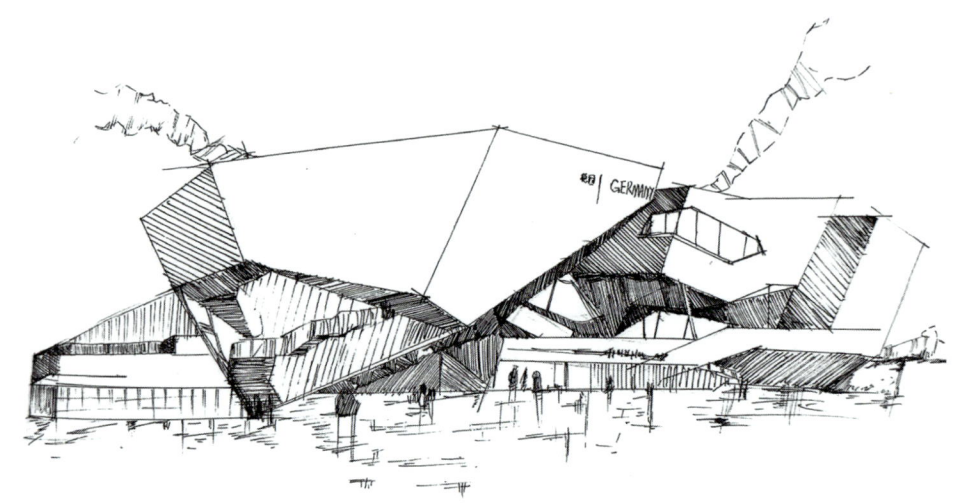

图 2.2 快题表现建筑效果图（线稿图）

2.1.2 评估与迭代：提升设计效率的技巧

在环境设计中，评估与迭代是提升设计效率的关键环节。通过不断地评估，设计师能够了解设计的优点和不足，进而通过迭代来优化设计方案，使之更加符合实际需求。以下是一些提升设计效率的评估与迭代技巧。

首先，建立明确的评估标准至关重要。这些标准可以基于设计要求、用户需求、功能性、美观性等多个方面来制定。通过建立明确的标准，设计师能够更客观地评估设计方案的优劣，避免主观臆断。

其次，在评估过程中，应注重数据的收集与分析。通过用户调研、测试反馈、数据分析等手段，设计师能够获取大量关于设计效果和用户体验的信息。这些信息有助于设计师了解设计的实际效果，并找出可能存在的问题和改进点。

在进行迭代时，设计师需要保持灵活性和开放性，不要害怕对设计方案进行大胆的修改和调整。同时，要充分利用之前的评估结果，将问题点和改进建议作为迭代的依据。通过不断地试错和改进，设计师能够逐渐完善设计方案，提升设计效率。

图 2.3 建筑速写图

此外，跨部门合作与多方反馈也是提升设计效率的有效途径。不同部门和团队之间可以共享资源和经验，共同解决问题。同时，通过邀请多方利益相关者参与评估和反馈，设计师能够更全面地了解设计方案的优缺点，并获取更多有价值的建议。

最后，利用敏捷开发和敏捷管理的方法论也有助于提升设计效率。这些方法强调快速响应变化、持续交付和团队协作，能够有效地缩短设计周期，提高设计质量。

综上所述，通过明确评估标准、注重数据收集与分析、保持灵活性和开放性、跨部门合作与多方反馈以及利用敏捷方法论等技巧，设计师可以更有效地进行评估与迭代，从而提升环境设计的效率和质量，如图 2.4 至图 2.24 所示。

图 2.4　室内单体线稿图

图 2.5 室内单体及陈设小品上色表现图

第2章 快题设计流程与绘制方法

图2.6 家具单体及组合上色表现图(一)

图 2.7 家具单体及组合上色表现图(二)

图 2.8 家具单体及组合上色表现图(三)

图 2.9 景观单体及组合上色表现图(一)

图 2.10　景观单体及组合上色表现图（二）

图 2.11　景观单体及组合上色表现图（三）

图 2.12 景观单体及组合上色表现图(四)

图 2.13 景观单体及组合上色表现图（五）

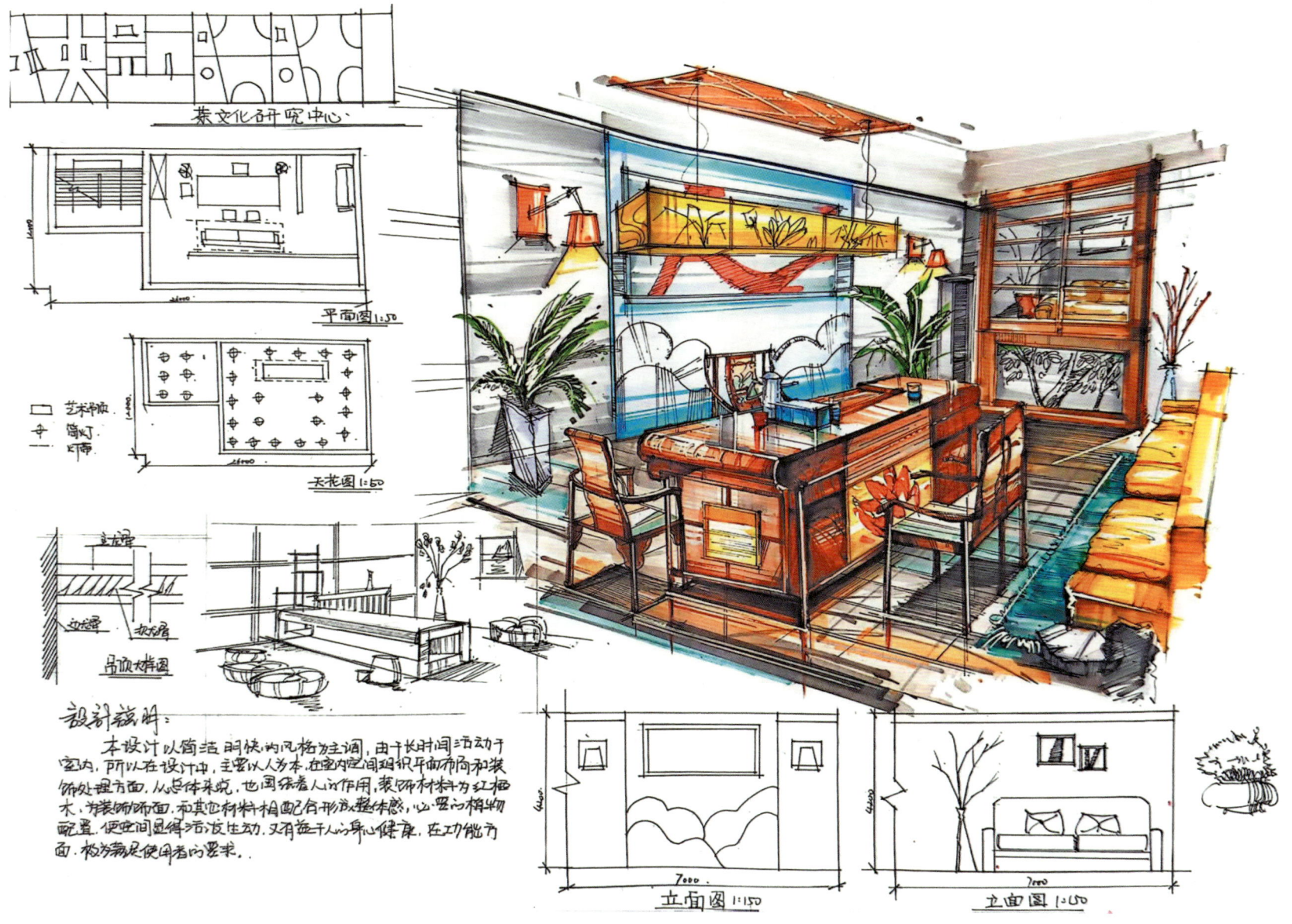

图 2.14 文化研究中心室内快题设计绘制过程图

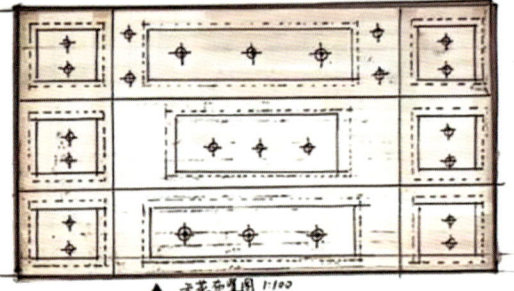

图 2.15 服装店室内快题设计绘制过程图

图 2.16　售楼处室内快题设计绘制过程图

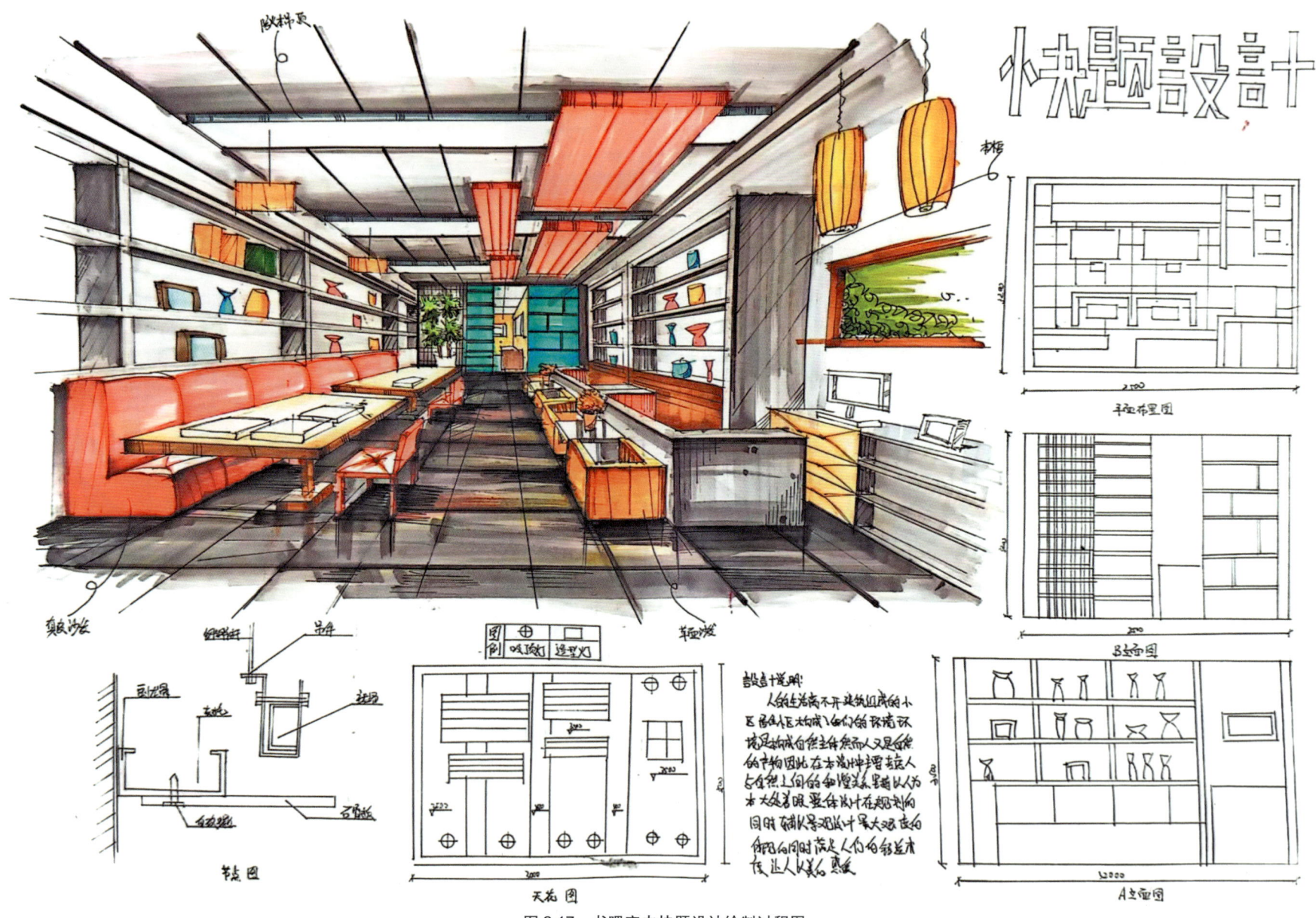

图 2.17 书吧室内快题设计绘制过程图

图 2.18 办事处共享大厅室内手绘表现效果图

图 2.19 服装店室内手绘表现效果图

图 2.20 广场鸟瞰手绘表现效果图

图 2.21 小区景观节点手绘表现效果图

图 2.22 公园景观节点手绘表现效果图

图 2.23 公园景观节点效果图

图 2.24 建筑及其周围景观效果图

2.2 绘制技术与工具

2.2.1 传统与数字绘图工具的比较

传统与数字绘图工具在多个方面存在显著差异，主要体现在工具特性、使用方式、创作效果以及应用领域等方面。

传统绘图工具主要包括毛笔、铅笔、钢笔、水彩笔、马克笔等。这些工具历史悠久，蕴含着丰富的文化底蕴和艺术表现力。毛笔作为我国传统绘画的主要工具，其轻重缓急的用笔技巧能够生动地表现物体的形体状态，并展现出强烈的形式美感。而铅笔、钢笔等则因其各自的特点，如便于修改、书写流畅等，在绘图过程中发挥着重要作用。

数字绘图工具则主要依赖计算机、电子手绘板等设备及绘图软件。这些工具提供了无纸化的创作环境，使艺术家能够实时预览创作效果，方便进行调整和修改。数字绘画还具有丰富的视觉效果，超越了传统绘画的局限。同时，作品可以以电子格式进行存储和传播，方便艺术家之间的交流和分享。此外，数字绘图工具还结合了绘画、设计、影像等多种艺术形式，为艺术家提供了更广阔的创作空间。

在创作效果上，传统绘图工具注重手绘的技巧和表现力，能够呈现出独特的艺术风格和个性。而数字绘图工具则更注重技术的运用和创新，能够实现更为丰富和细腻的视觉效果。

在应用领域方面，传统绘图工具广泛应用于绘画、设计、教育等领域，其独特的艺术风格和表现力深受人们喜爱。而数字绘图工具则因其高效、灵活的特性，在广告、游戏、影视等领域得到了广泛应用。

综上所述，传统与数字绘图工具各有其优势和特点，选择哪种工具取决于创作者的需求、风格和偏好。无论选择哪种工具，都需要创作者具备一定的技巧和创新能力，才能创作出优秀的作品。

2.2.2 最新软件和技术在快题设计中的应用

在快题设计中，最新软件和技术的应用极大地提升了设计的效率和质量，同时也为设计师提供了更广阔的创新空间。以下是一些最新软件和技术在快题设计中的应用实例。

（1）极速AI出题系统：这种新推出的AI出题软件能够根据出题方向和基本参数，迅速指定与生成主题相关的问题。它支持多种题型，无论是单选题、多选题、判断题还是问答题，都能轻松应对。这为测试和评估提供了更广泛的选择，同时也增强了学习的趣味性和增加了深度。

（2）AI技术在设计中的应用：AI技术越来越多地应用于设计领域，特别是在创意设计的飞跃中。AI可以帮助设计师快速生成初步方案，进行参数化设计，甚至通过机器学习来优化设计方案。这种技术的融合提高了设计效率和质量，使设计师能够更专注于创新和审美层面的提升。

（3）快题设计排版构图软件：如AutoCAD、SketchUp、Revit和ArchiCAD等软件，在快题设计中发挥着举足轻重的作用。这些软件能够实现2D和3D的建模操作，拥有丰富的工具和插件，能够帮助设计师快速完成建筑图形的绘制、编辑和修改。

（4）信息可视化技术和交互体验技术：在科技展厅的快题设计中，这些技术得到了广泛应用。通过新媒体和先进的数字化手段，展品信息、展示手段与观众互动得以紧密结合，为观众带来更加贴近生活、更具体的展示形式。同时，虚拟现实VR、增强现实AR等技术的融合，为观众提供了全方位的沉浸式体验，使他们能够近距离接触数字艺术展品，获得更深入的认同感。

综上所述，最新软件和技术在快题设计中的应用是多样化的，它们不仅提高了设计的效率和质量，还为设计师提供了更多的创新可能性。随着技术的不断进步，可以期待未来在快题设计领域会有更多的突破和应用，如图2.25和图2.26所示。

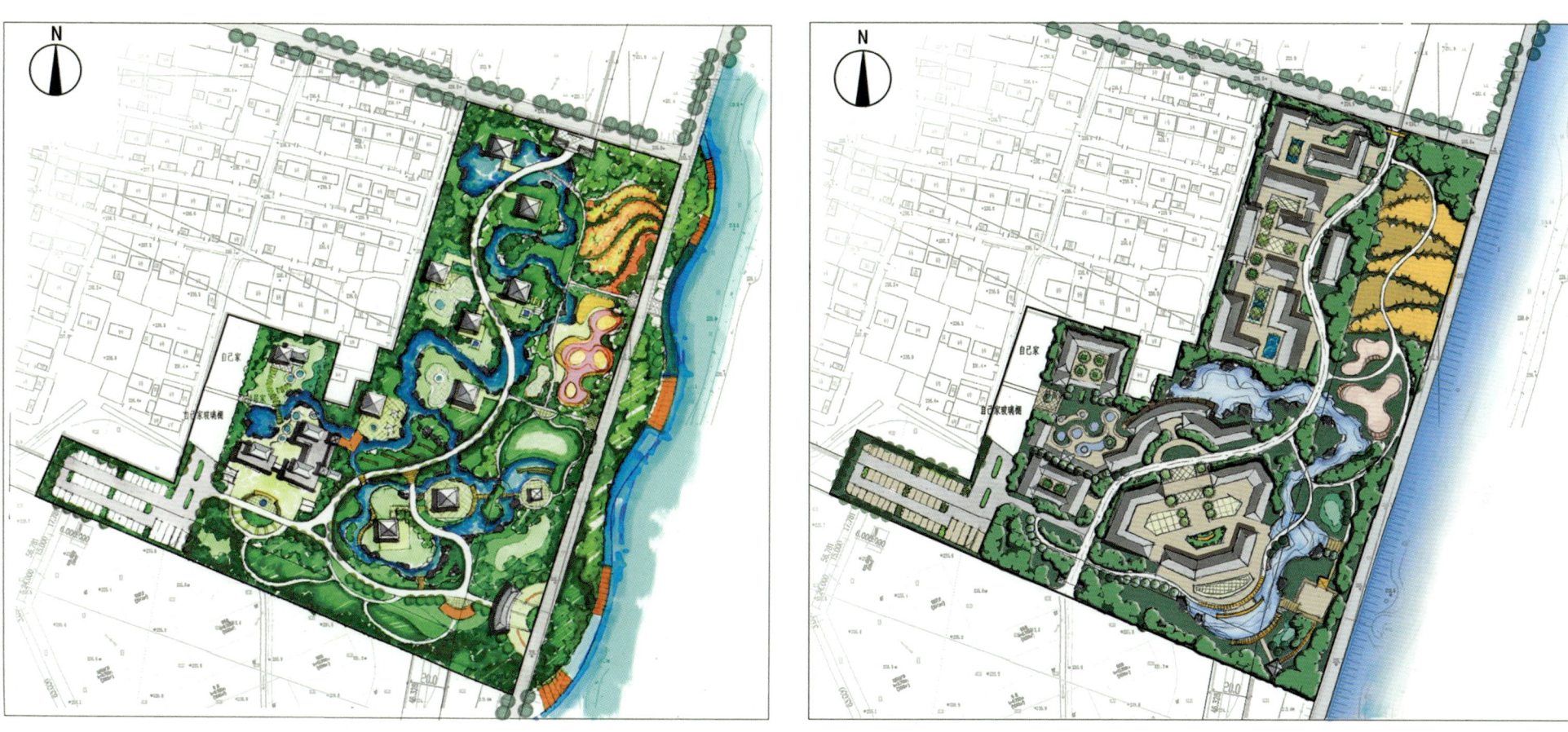

图 2.25 民俗方案手绘总平面布置图(一)

图 2.26 民俗方案手绘总平面布置图(二)

2.3 具体操作与实施

2.3.1 快题设计流程

2.3.1.1 快速阅读任务书（15～20分钟）
（1）仔细阅读任务书，并标记重要的要求。
（2）注意总平面设计要求、建筑设计要求、绘图要求以及任何限制条件。

2.3.1.2 场地分析（10～15分钟）
（1）在地形图上进行简单的功能分区。
（2）考虑场地的自然条件、交通条件、周边环境等因素。

2.3.1.3 构思方案（30～45分钟）
（1）找准主要切入点，兼顾功能、空间和形式。
（2）绘制方案草图，并再次阅读任务书，检查确认方案是否满足所有条件。

2.3.1.4 绘制图纸
（1）绘制总平面图（30～45分钟）：根据构思方案绘制出 1∶500 的总平面图，注意标注尺寸、比例等细节。
（2）绘制功能分区（15～20分钟）：在总平面图基础上明确各功能区划分，并标注文字说明。
（3）绘制首层平面图（30～45分钟）：考虑人流、物流动线，以及采光、通风等因素。
（4）绘制二层平面图（20～30分钟）：在首层基础上考虑二层布局和功能。
（5）绘制立面图（20～30分钟）：选择方向绘制建筑立面图，体现造型和风格。
（6）绘制剖面图（15～20分钟）：选择剖面位置绘制剖面图，展示内部空间关系和结构形式。

2.3.1.5 整理图纸（15～20分钟）
（1）对图纸进行整理，确保绘图清晰、美观，符合规范要求。
（2）添加适当的标题、注释和说明。

2.3.1.6 审阅并提交（5～10分钟）
仔细审阅图纸，确保无误后提交。

2.3.2 绘制方法

2.3.2.1 工具选择
（1）笔类工具

①铅笔

a.功能：用于初步构思、草图绘制和细节描绘。

b.推荐型号：2B 至 HB 的硬铅笔用于画控制线和细节，0.7 mm 的自动铅笔备一支用于快速绘图。

c.使用方法：使用铅笔时，注意掌握力度和角度，保持线条的准确性和流畅性，根据绘图阶段的不同，选择不同硬度的铅笔。

②针管笔

a.功能：用于绘制精细的线条和轮廓。

b.型号：包括 0.05 mm、0.1 mm、0.3 mm、0.5 mm、0.8 mm 等，建议购买 0.1 mm、0.3 mm、0.5 mm、0.8 mm 四种规格。

c.使用方法：使用针管笔时，注意保持笔头干净，避免墨水堵塞。选择适合的规格进行绘图，根据需要绘制粗细不同的线条。

③马克笔

a.功能：用于快速上色和表达色彩效果。

b.特点：油性马克笔，色彩鲜明，饱和度高，易于融合和过渡。

c.使用方法：使用马克笔时，先用浅色系的笔进行大面积的铺色，再用深色系的笔进行细节和阴影的刻画。注意色彩的选择和搭配，以及笔触的轻重和速度，以达到理想的图面效果。

（2）纸张类工具

绘图纸：

a.功能：作为设计的载体，用于绘制最终成果。

b.推荐规格：A3加厚180 g绘图纸适合考试使用，A3打印纸适合初学者日常练习。

c.使用方法：在绘图前，确保绘图纸的平整和整洁。使用合适的绘图工具进行绘制，注意图面的整体性和协调性。

（3）辅助工具

①模板尺

a.功能：帮助绘制界面边框，省时省力。

b.规格：大小两种尺寸可选，小尺寸可在低保真界面上使用，大尺寸可在高保真界面上使用。

c.使用方法：将模板尺放置在绘图纸上，使用铅笔或针管笔沿着模板尺的边缘绘制边框。根据需要选择合适的尺寸和形状。

②橡皮擦

a.功能：擦除不需要的线条或错误部分。

b.使用方法：使用橡皮擦时，注意力度和角度，避免损坏绘图纸。轻轻擦除不需要的线条或错误部分，保持图面的整洁。

（4）其他工具

包括平行尺、丁字尺、三角板、圆模板、胶带、胶棒等，这些工具在快题设计中也起到重要的辅助作用。根据设计需求选择合适的工具进行使用。

2.3.2.2　作图顺序

（1）进行场地分析和方案构思。

（2）按照总平面图、功能分区、首层平面图、二层平面图、立面图、剖面图的顺序进行绘制。

2.3.2.3　注意事项

（1）在绘图过程中，注意时间的合理分配和管理。

（2）确保图纸的准确性和规范性，注意标注细节。

（3）绘图时线条要清晰、美观，色彩搭配合理。

2.3.2.4　技巧与策略

（1）对于快速设计，要学会抓大放小，突出重点和核心。

（2）充分利用模板尺、平行尺等辅助工具提高绘图效率。

（3）在日常练习中刻意训练快速解题和出方案的能力。

综上所述，快题设计流程与绘制方法和具体的时间分配与作图顺序可以根据个人习惯和项目要求进行调整。重要的是做好时间管理，确保在规定时间内完成各个步骤。同时，选择合适的作图工具并掌握其使用方法对于快题设计至关重要。通过合理的工具搭配和技巧运用，可以提高设计效率和图面质量，如图2.27至图2.30所示。

思考题

思考题一

在快题设计中，草图和原型的作用是什么？它们如何帮助你更好地沟通和展示设计想法？

思考题二

在快题设计中，你通常会选择哪些技术和工具来辅助你的设计过程？

图 2.27 公共空间室内快题设计方案线稿图

图 2.28 公共空间室内快题设计方案上色图

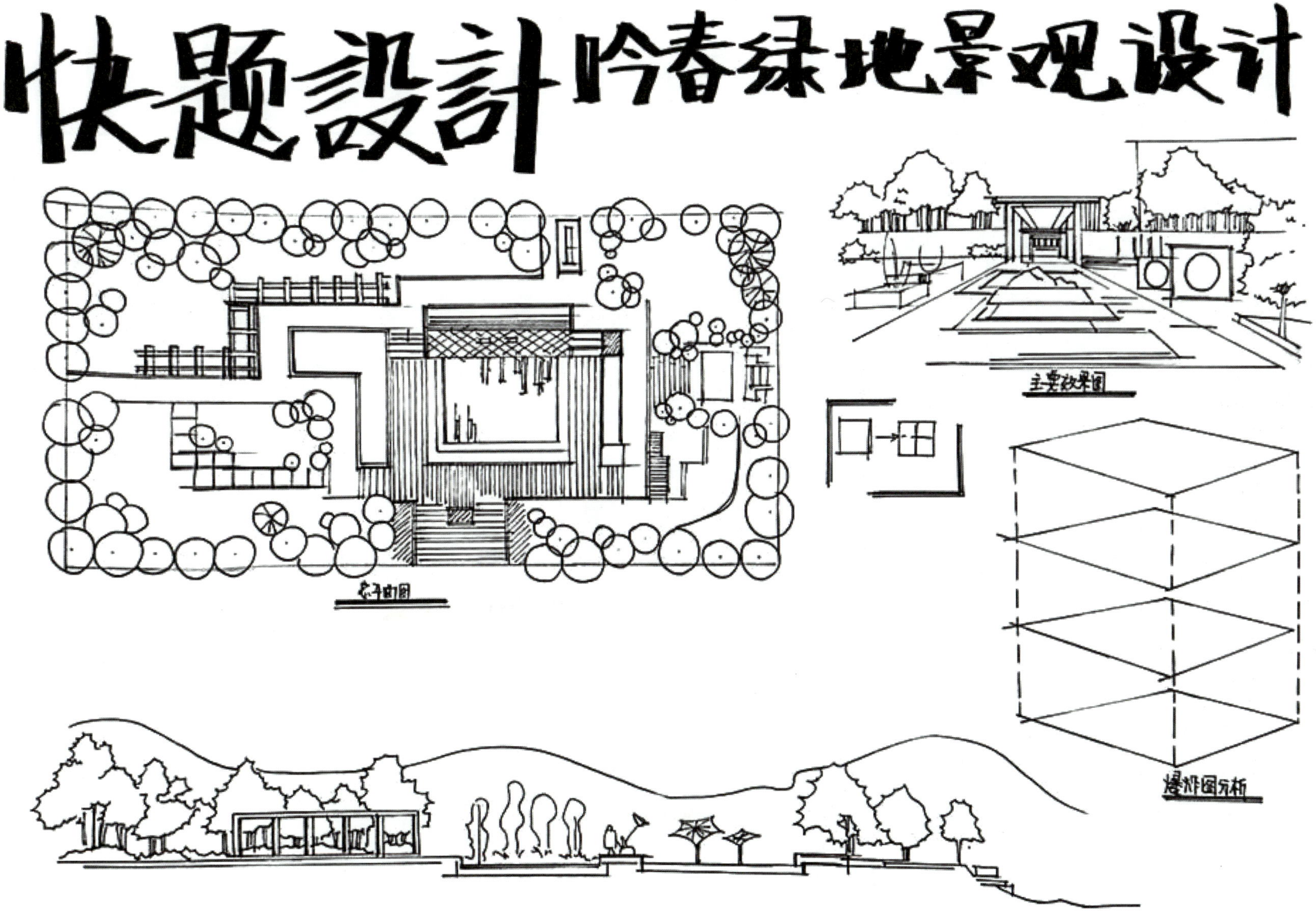

图 2.29　绿地景观快题设计方案线稿图

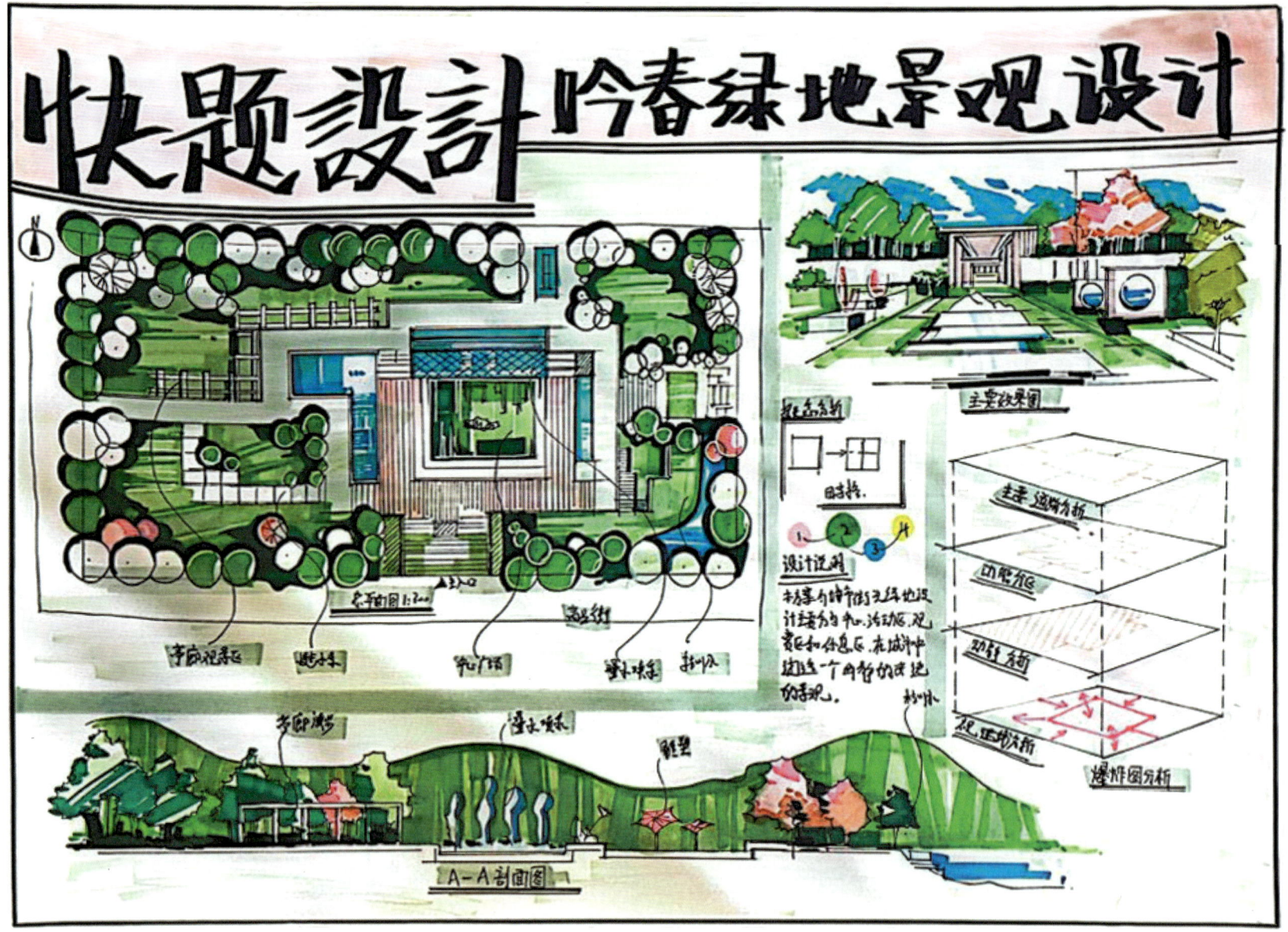

图 2.30　绿地景观快题设计上色图

第3章 快题设计思维解析

3.1 设计思维与创意生成

3.1.1 探索设计思维在快题设计中的应用

设计思维在快题设计中的应用,是深度与广度结合的体现。它使设计者在有限的时间内,能够迅速捕捉到问题的核心,并提出富有创意且切实可行的解决方案。

首先,设计思维帮助快题设计者明确设计的目标和方向。在快题设计的初期,设计者需要迅速理解题目的要求和背景,这要求他们具备敏锐的观察力和判断力。设计思维强调以人为本,因此,设计者在理解题目时,会站在用户的角度去思考问题,以确保设计的方向能够真正满足用户的需求。

其次,设计思维在快题设计中注重创新和迭代。快题设计的时间限制使得设计者需要在短时间内产生大量的创意,并从中筛选出最佳方案。设计思维鼓励设计者跳出传统的思维模式,通过不同的视角和方法来寻找新的解决方案。同时,它也强调迭代的重要性,即在初步方案的基础上,不断地修改和优化,使其更加完善。

再次,设计思维强调团队合作和跨界融合。快题设计通常需要团队合作,各自发挥所长,共同完成设计任务。设计思维鼓励团队成员之间进行深入的交流和讨论,从而激发出更多的创意和灵感。同时,它也鼓励设计者跨越不同领域的边界,借鉴其他领域的经验和知识,来丰富自己的设计思路。

最后,设计思维在快题设计中注重实践和应用。快题设计不仅是为了完成任务,更重要的是通过实践来检验设计的可行性和有效性。设计思维强调设计者要具备将理论转化为实践的能力,通过不断的实践来提升自己的设计水平。

综上所述,设计思维在快题设计中的应用,能够帮助设计者在有限时间内快速捕捉到问题核心,提出富有创意的解决方案,并通过团队合作和跨界融合,不断完善和优化设计成果。

3.1.2 创意发展的策略与过程

快题设计思维中的创意发展策略与过程是系统性和迭代性的,旨在通过创新性的思考方式,快速有效地解决设计问题。以下是一些主要的策略与过程:

3.1.2.1 策略

(1)深入理解问题:在快题设计中,首先要深入理解和剖析问题,明确设计的目标、约束条件以及关键需求。

(2)多元化思考:鼓励从多个角度、多个层面思考问题,打破思维定式,激发创新思维。

(3)跨学科融合:借鉴其他学科的知识和方法,通过跨学科融合产生新的设计思路。

(4)团队协作与头脑风暴:利用团队协作的力量,通过头脑风暴等方式集思广益,共同寻找解决问题的最佳方案。

3.1.2.2 过程

(1)问题定义与初步分析:明确设计问题,收集相关资料,进行初步的分析和梳理。

（2）创意生成：基于问题定义和分析，通过多元化的思考方式和跨学科的知识生成多个创意方案。

（3）方案筛选与优化：对生成的创意方案进行筛选，选择出最具潜力的方案，并进行进一步的优化和完善。

（4）原型制作与测试：将优化后的方案转化为具体原型进行测试，收集用户反馈，进一步调整和优化设计。

（5）总结与反思：对整个设计过程进行总结和反思，提炼出经验教训，为未来的设计提供参考。

在整个过程中，设计思维的核心是始终保持对问题的敏感性和对创新的追求，通过不断地迭代和优化，找到最符合用户需求和市场需求的设计方案。同时，快题设计思维也强调团队协作的重要性。通过集思广益和共同协作，能够产生更多更好的创意和解决方案，如图3.1至图3.6所示。

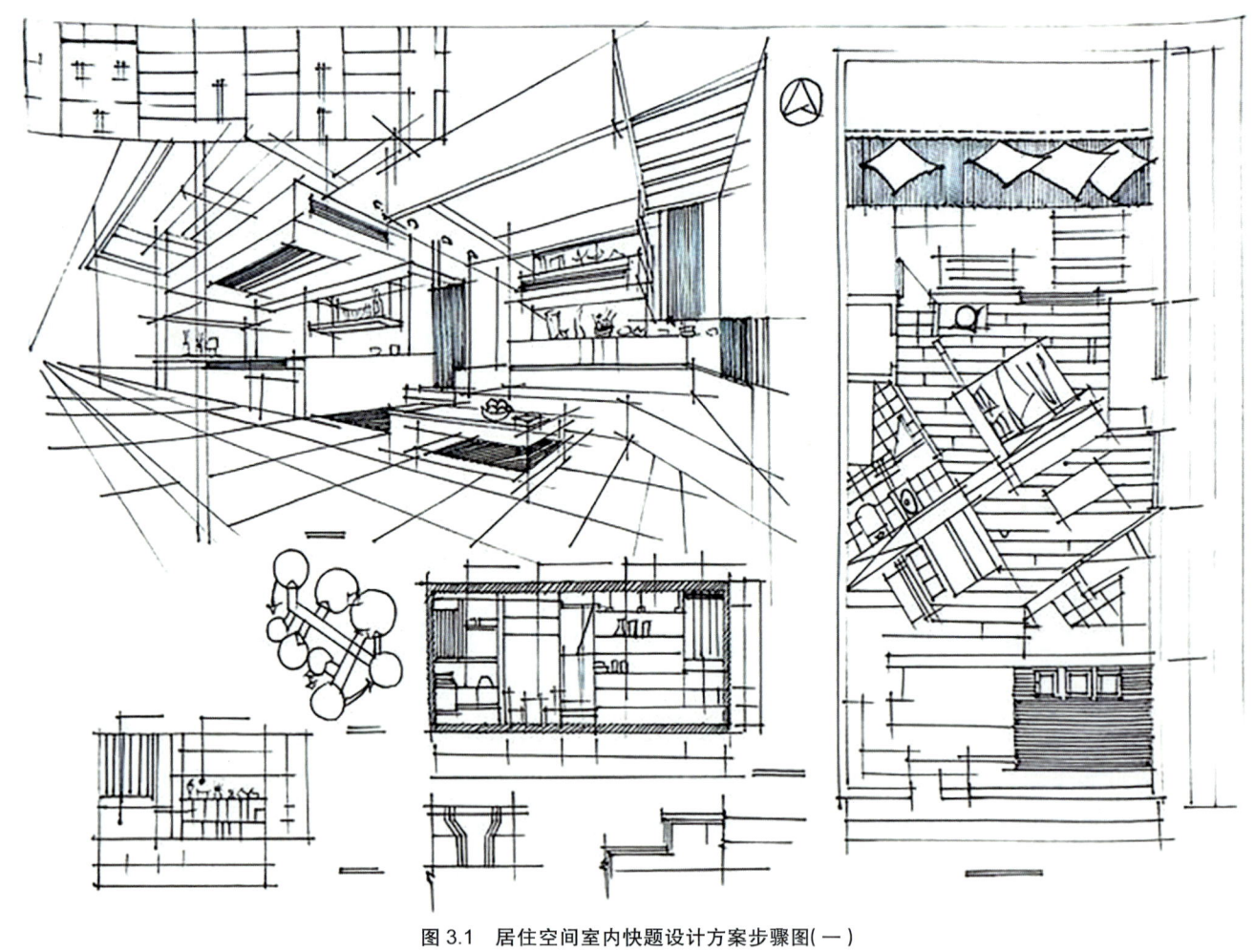

图3.1　居住空间室内快题设计方案步骤图（一）

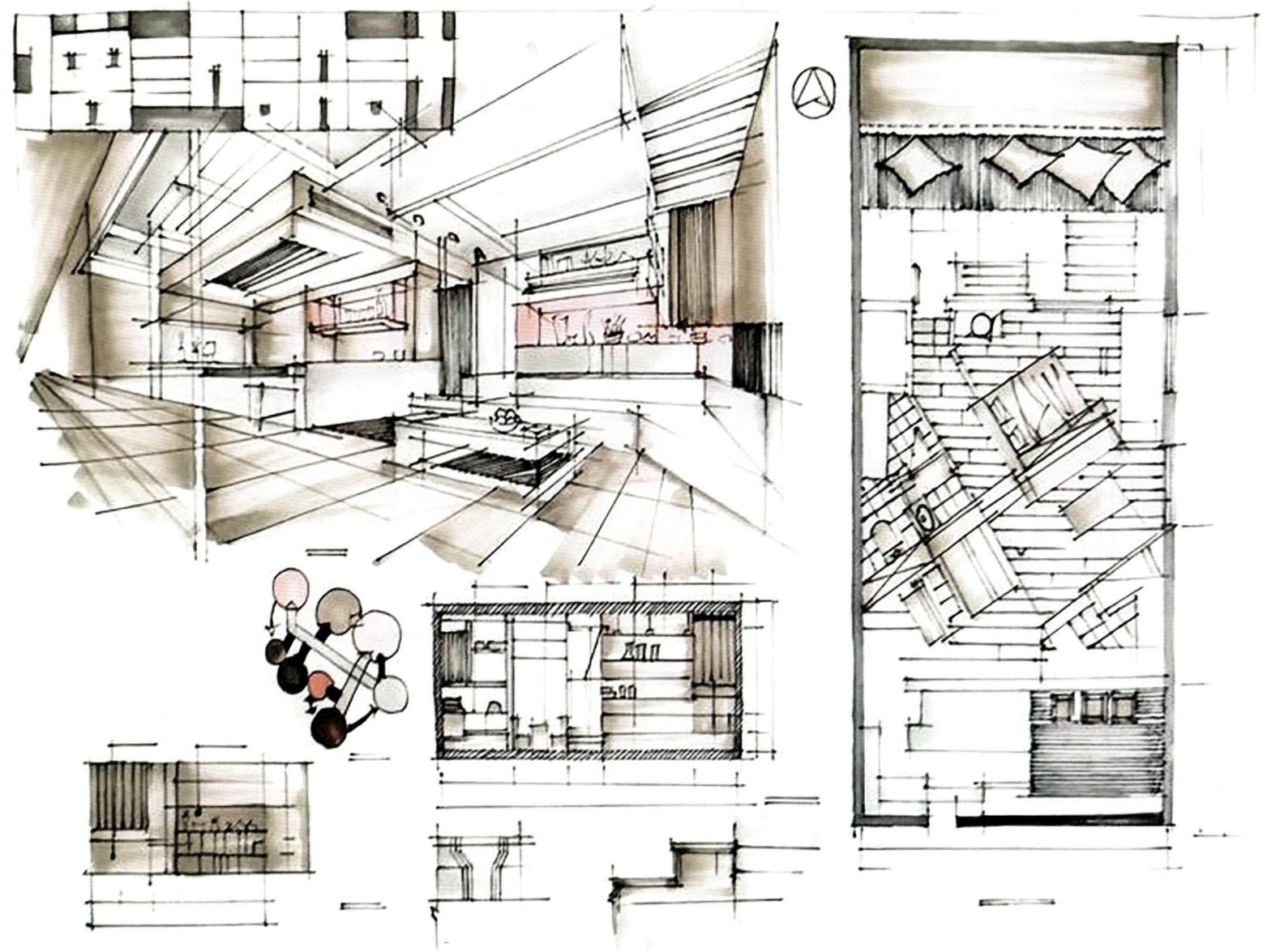

图 3.2 居住空间室内快题设计方案步骤图(二)

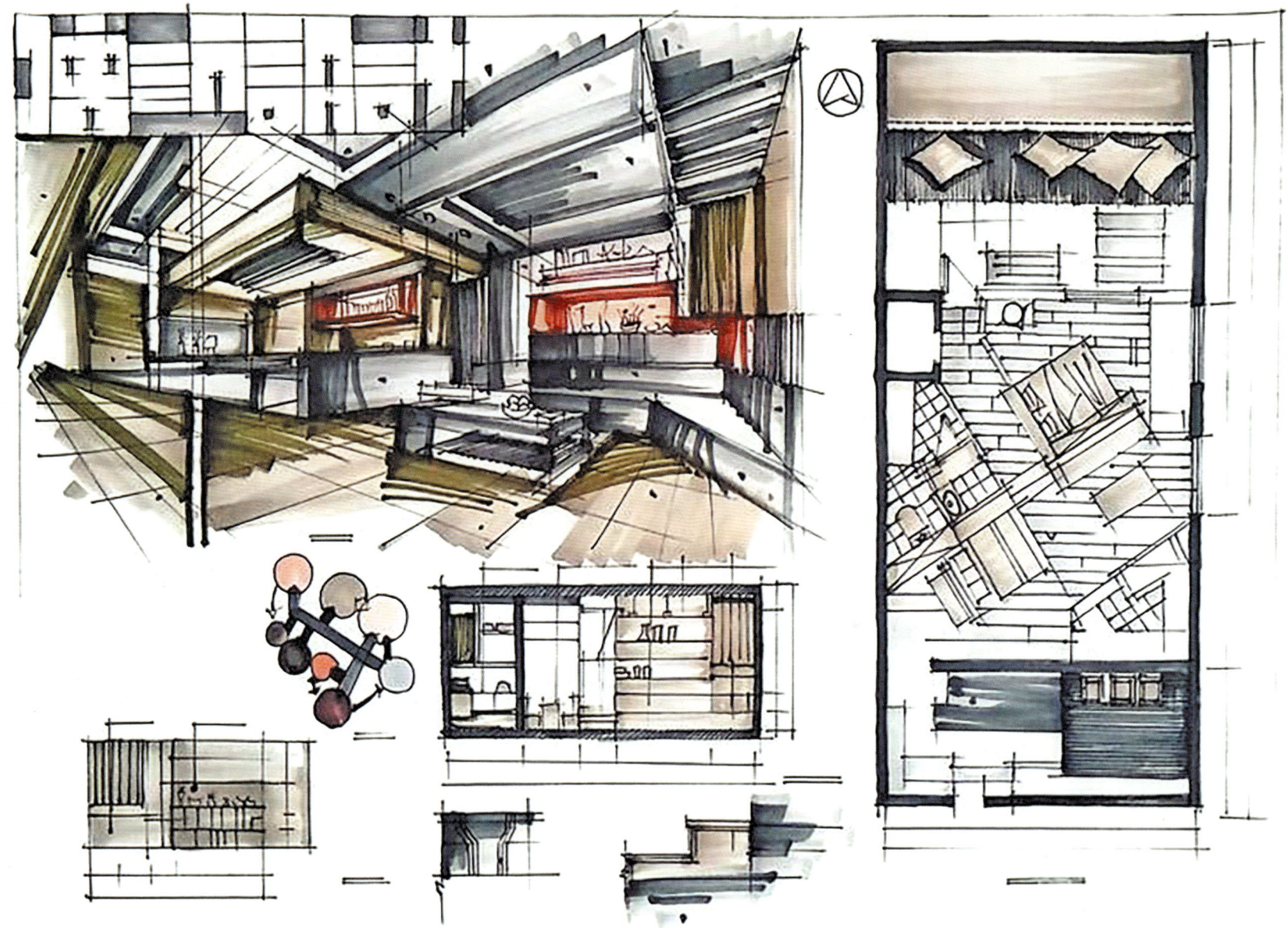

图 3.3 居住空间室内快题设计方案步骤图(三)

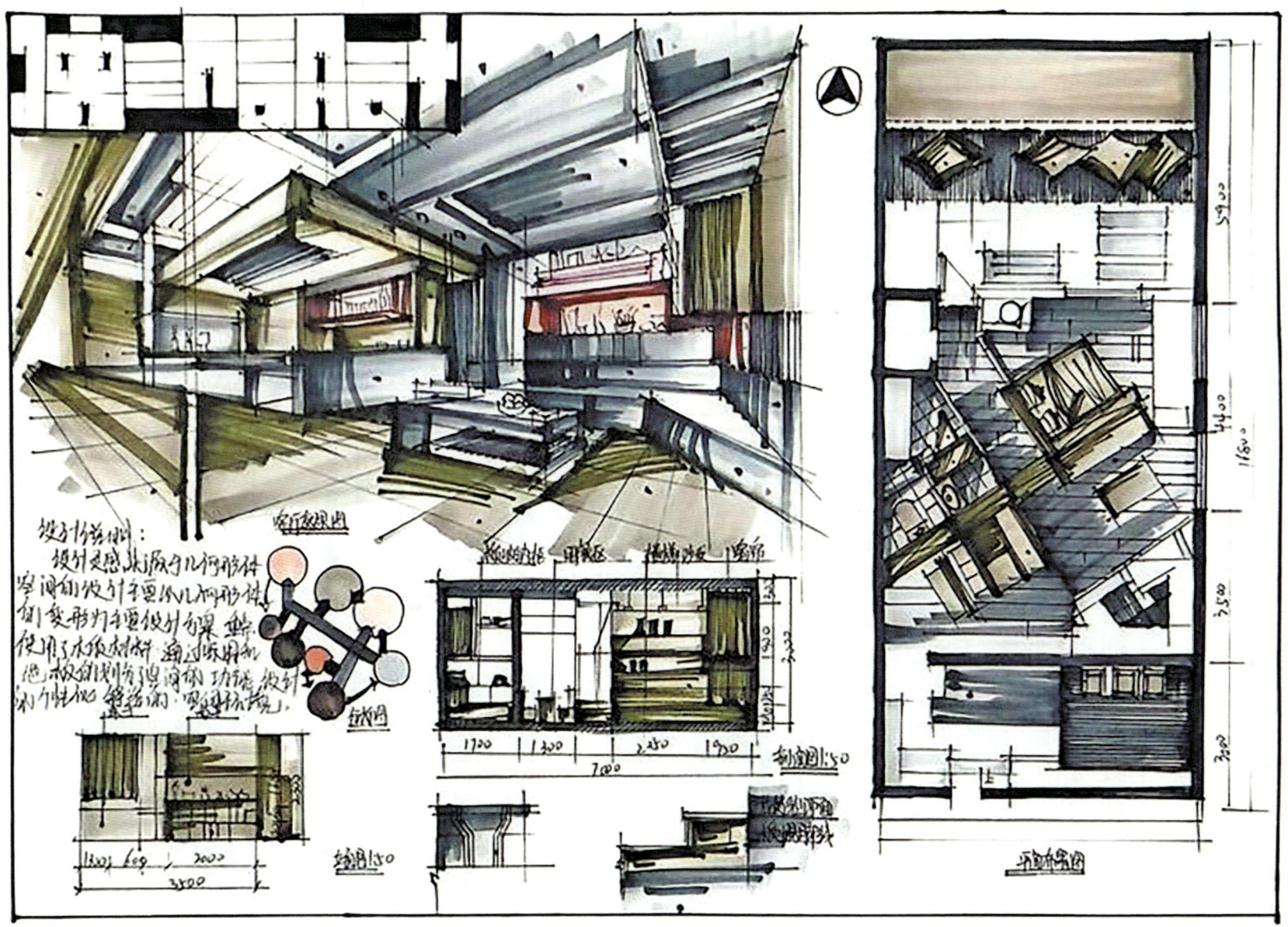

图 3.4 居住空间室内快题设计方案步骤图(四)

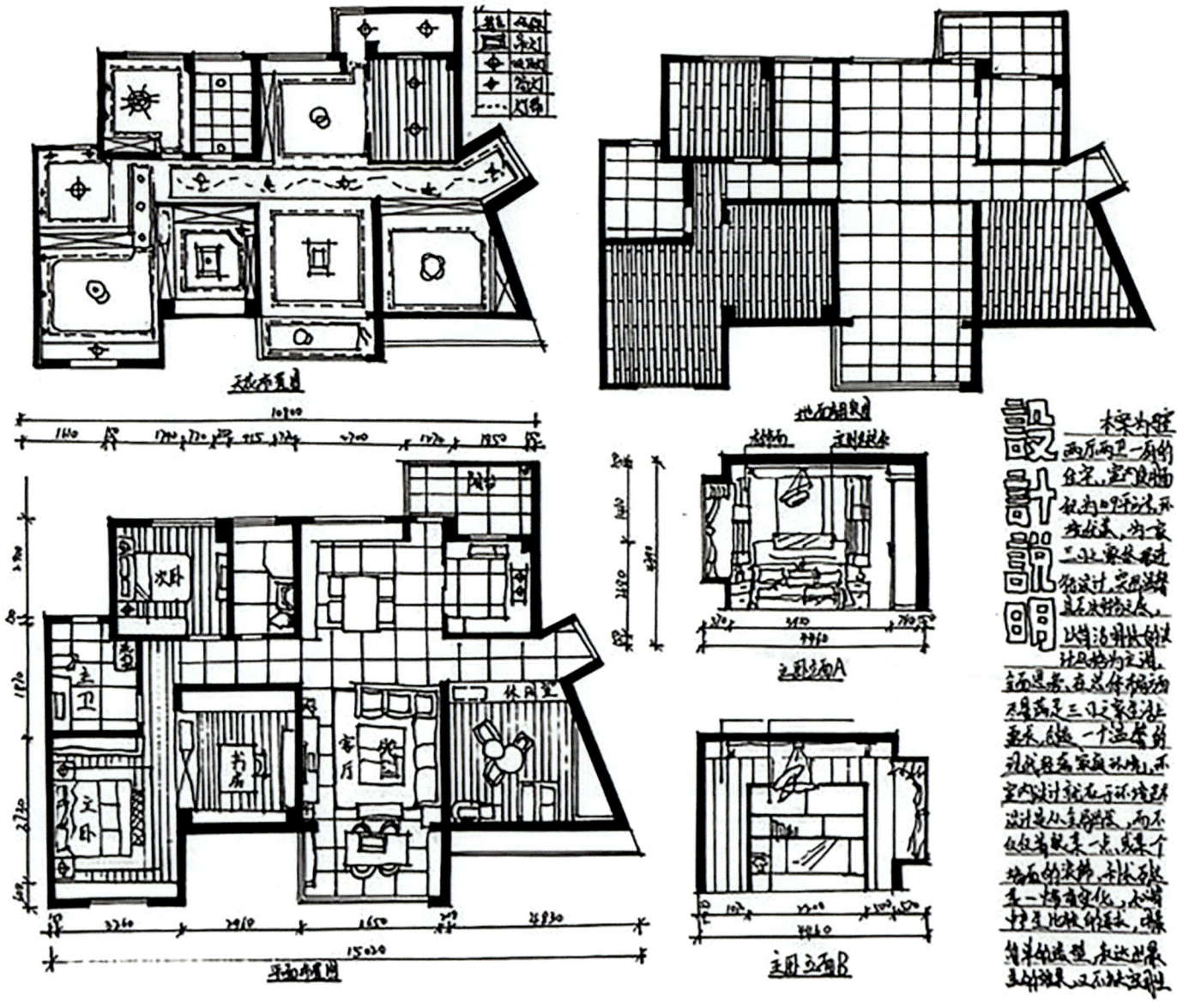

图 3.5 居住空间室内快题设计方案墨线图

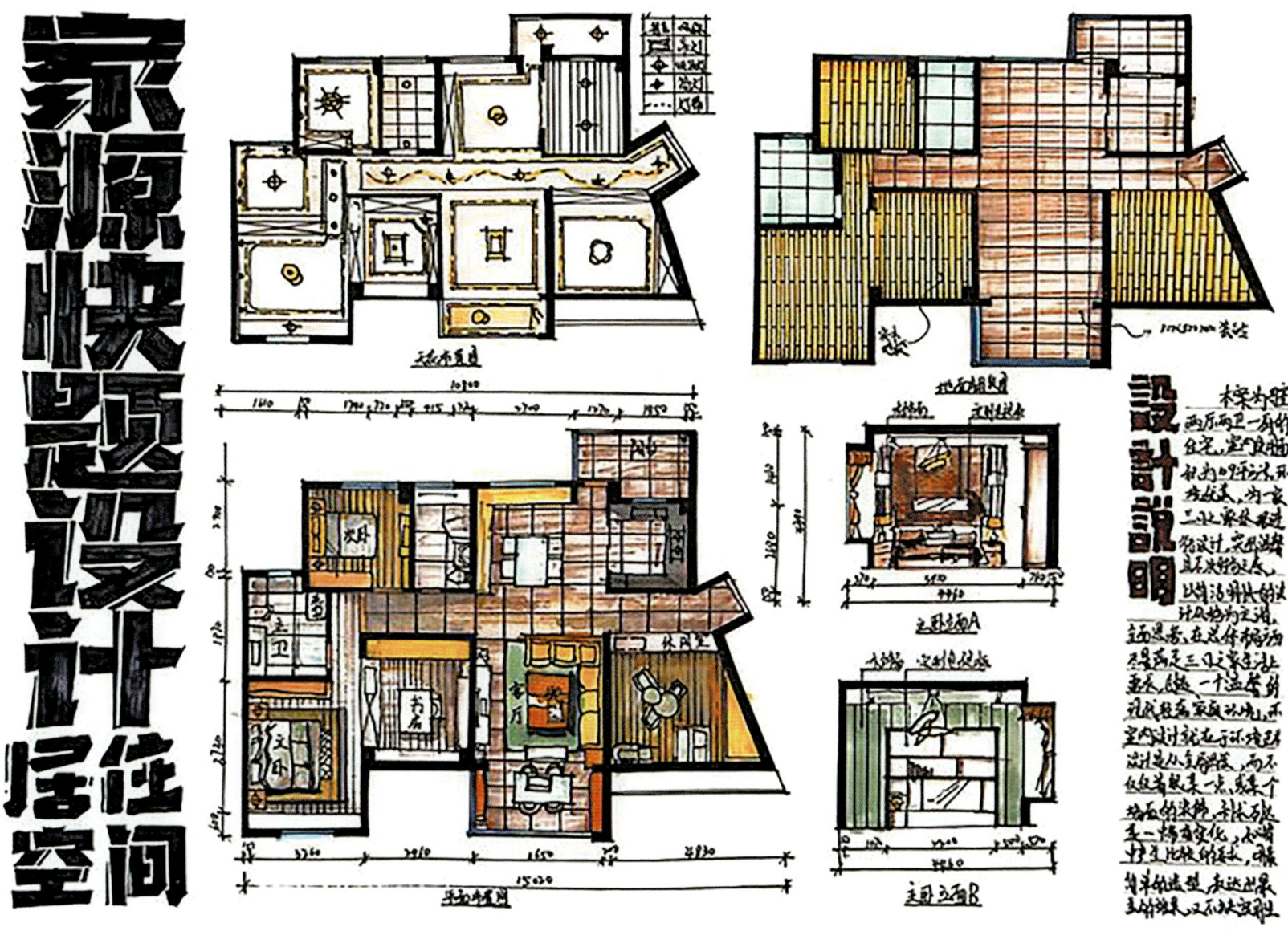

图 3.6　居住空间室内快题设计方案上色图

3.2 情境分析与需求识别

3.2.1 理解和分析设计情境

理解和分析快题设计情境是设计过程中的关键步骤，它直接决定了设计方向和解决策略的有效性。以下是一些关于如何理解和分析快题设计情境的建议。

首先，要全面解读情境信息。仔细阅读题目描述，确保对情境有完整、准确的理解。这包括理解情境的背景、目的、限制条件以及主要需求点。例如，如果是一个关于公共空间改造的快题设计，就需要了解该空间的现有状况、使用人群、功能需求等信息。

其次，要分析情境中的核心问题。在理解情境的基础上，进一步分析情境中存在的核心问题或挑战。这些问题可能是功能性的、美学性的或是文化性的，需要设计者通过深入的思考和观察来识别。例如，公共空间改造中可能存在的问题包括空间布局不合理、缺乏特色或文化内涵等。

再次，要明确设计目标和定位。根据情境分析和问题识别，明确设计的主要目标和定位。这有助于设计者在后续的设计过程中保持方向性，确保设计成果能够符合情境需求。例如，公共空间改造的设计目标可能是提升空间的使用效率、增强空间的特色魅力或提升用户体验等。

最后，要考虑情境中的限制因素。快题设计中往往存在一些限制因素，如时间、预算、技术条件等。在分析和理解情境时，需要充分考虑这些限制因素，确保设计方案的可行性和实施性。

此外，要进行用户研究和市场调研。为了更好地理解情境和需求，可以进行用户研究和市场调研。通过访谈、问卷调查等方式收集用户意见和需求，同时了解市场上的类似案例和趋势，为设计提供更有力的支持。

通过以上步骤，可以全面、深入地理解和分析快题设计情境，为后续的设计工作奠定坚实的基础。这有助于设计者更加精准地把握设计方向，提出切实可行的解决方案。

3.2.2 识别用户需求与设计目标

在快题设计中，识别空间设计用户需求与设计目标是至关重要的步骤。这涉及对用户的深入了解和对设计目标的清晰界定，以确保最终的设计方案能够满足用户的期望和需求。

首先，识别空间设计用户需求是一个多层次、多方面的过程。这包括对用户的基本需求进行分析，如空间的功能性、舒适性、安全性等。通过问卷调查、用户访谈、行为观察等方式，我们可以收集到用户对空间使用的真实反馈和期望。同时，也要关注用户的心理需求，如营造空间氛围、融入文化元素等，均有助于提升用户的使用体验和满意度。

其次，明确设计目标是使设计方案与用户需求相契合的关键。设计目标应该紧密结合用户需求，同时考虑到空间的实际条件和限制因素。例如，一个办公空间的设计，目标可能包括提高员工的工作效率、营造舒适的办公环境、促进团队协作等。这些目标应该具有可衡量性，以便在设计过程中进行跟踪和调整。

在识别用户需求和设计目标的过程中，我们还需要注意以下几点：

（1）注重细节：用户的需求可能涉及空间的各个方面，从布局到装饰，从色彩到照明。因此，在识别用户需求时，要尽可能全面、细致地考虑各个方面。

（2）关注差异性：不同的用户群体可能有不同的需求和偏好。因此，在识别用户需求时，要注意区分不同用户群体的差异，以便为他们提供个性化的设计方案。

（3）灵活性与可持续性：设计目标应该考虑到未来的变化和发展。因此，在设定目标时，要考虑到空间的灵活性和可持续性，以便在未来能够轻松地进行调整和优化。

通过深入识别用户需求和设计目标，我们可以为快题设计提供有力的指导，使设计方案能够真正满足用户的需求和期望。这不仅有助于提升用户的使用体验和满意度，还能为设计者赢得良好的口碑和市场认可，如图3.7至图3.19所示。

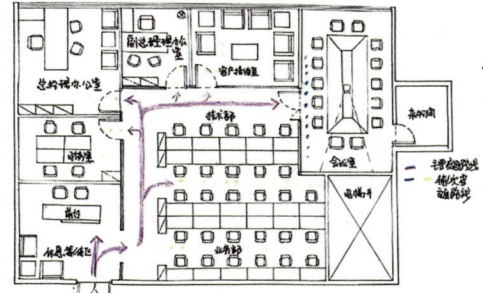

图3.7　办公空间手绘调研报告

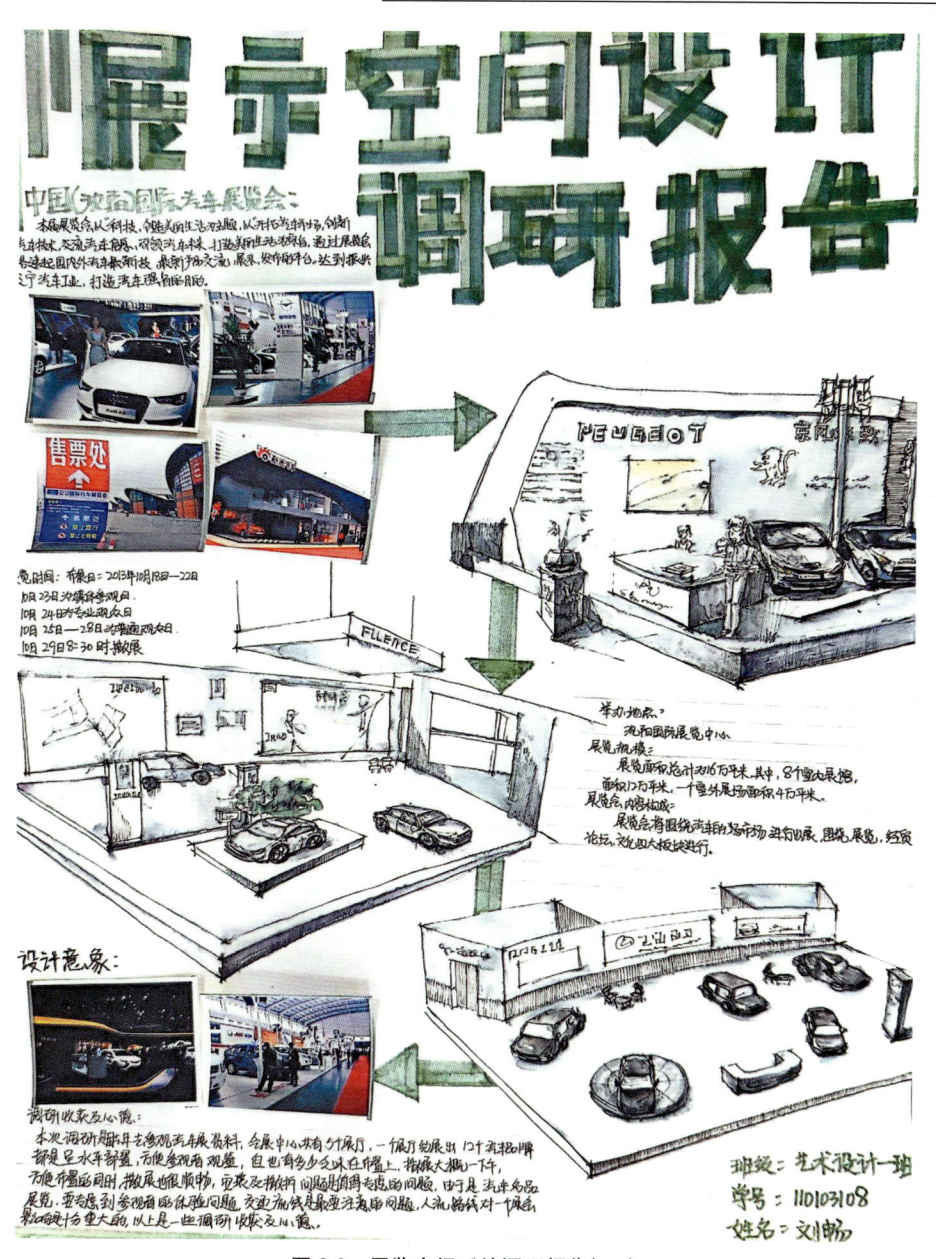

图3.8　展览空间手绘调研报告（一）

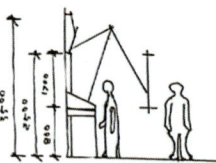
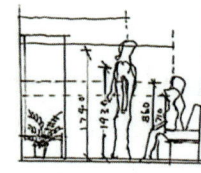
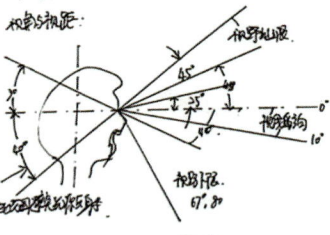

图 3.9 展览空间手绘调研报告（二）

第3章 快题设计思维解析

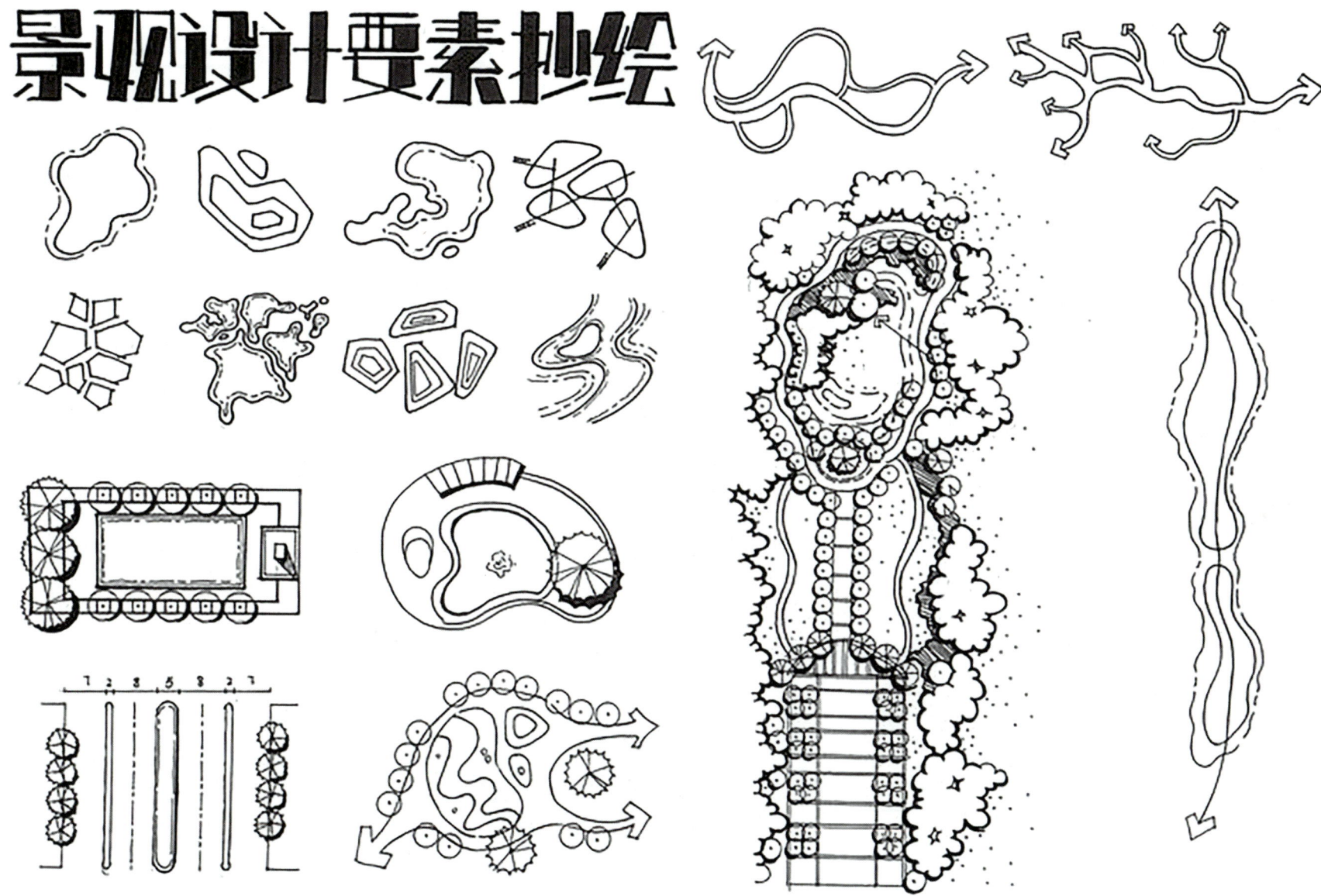

图3.10 景观设计要素抄绘(一)

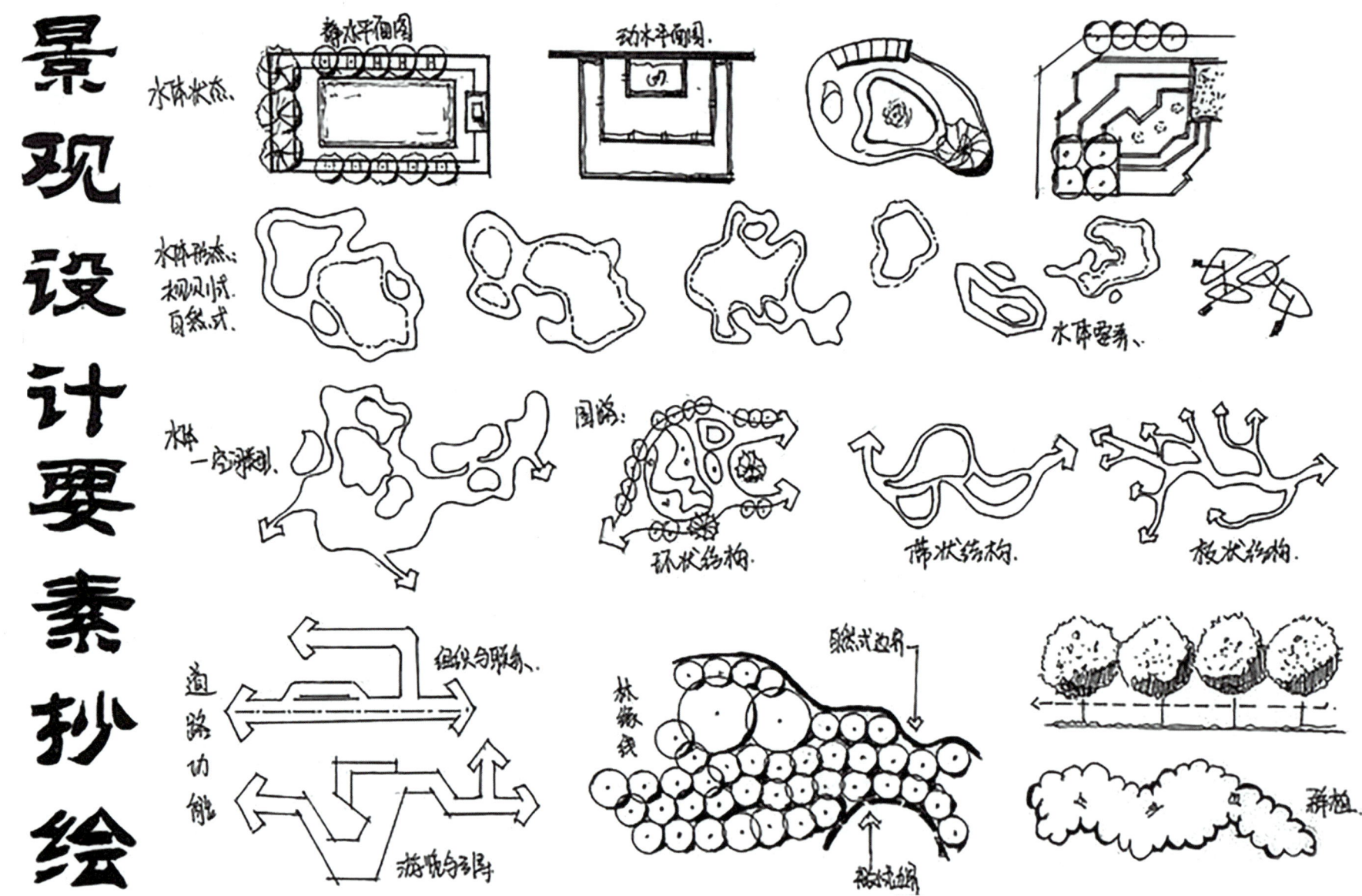

图 3.11 景观设计要素抄绘（二）

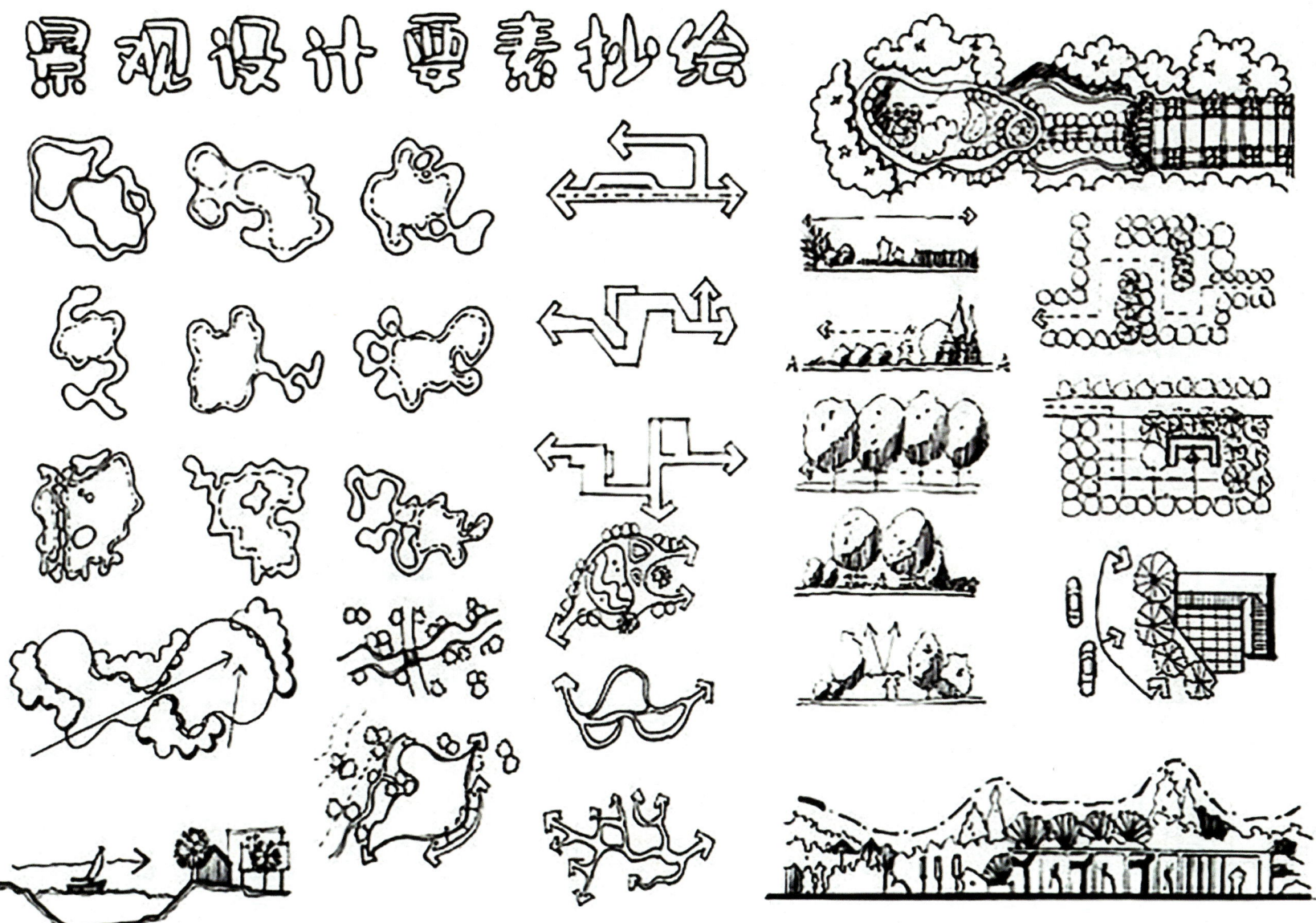

图 3.12 景观设计要素抄绘(三)

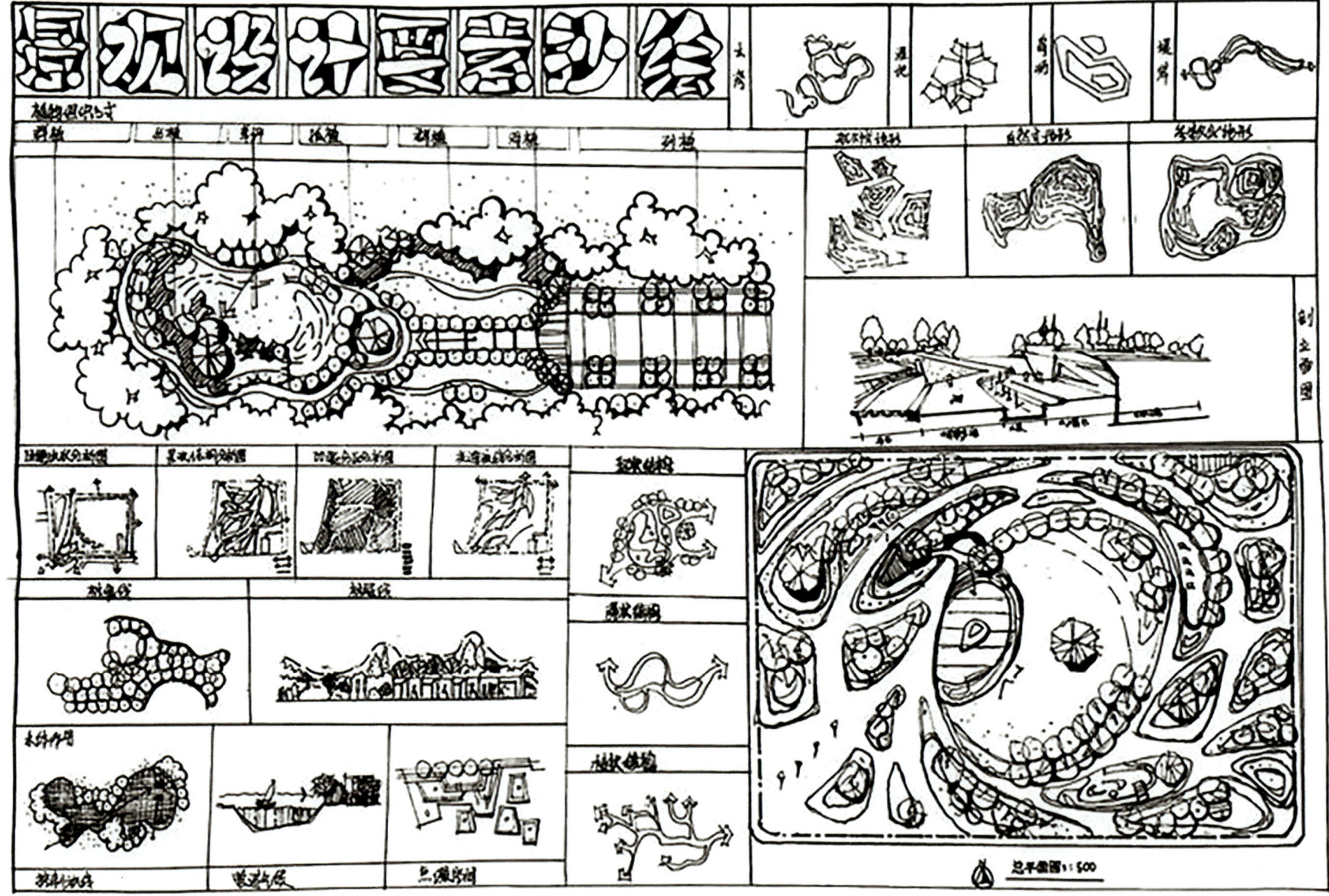

图 3.13 景观设计要素抄绘(四)

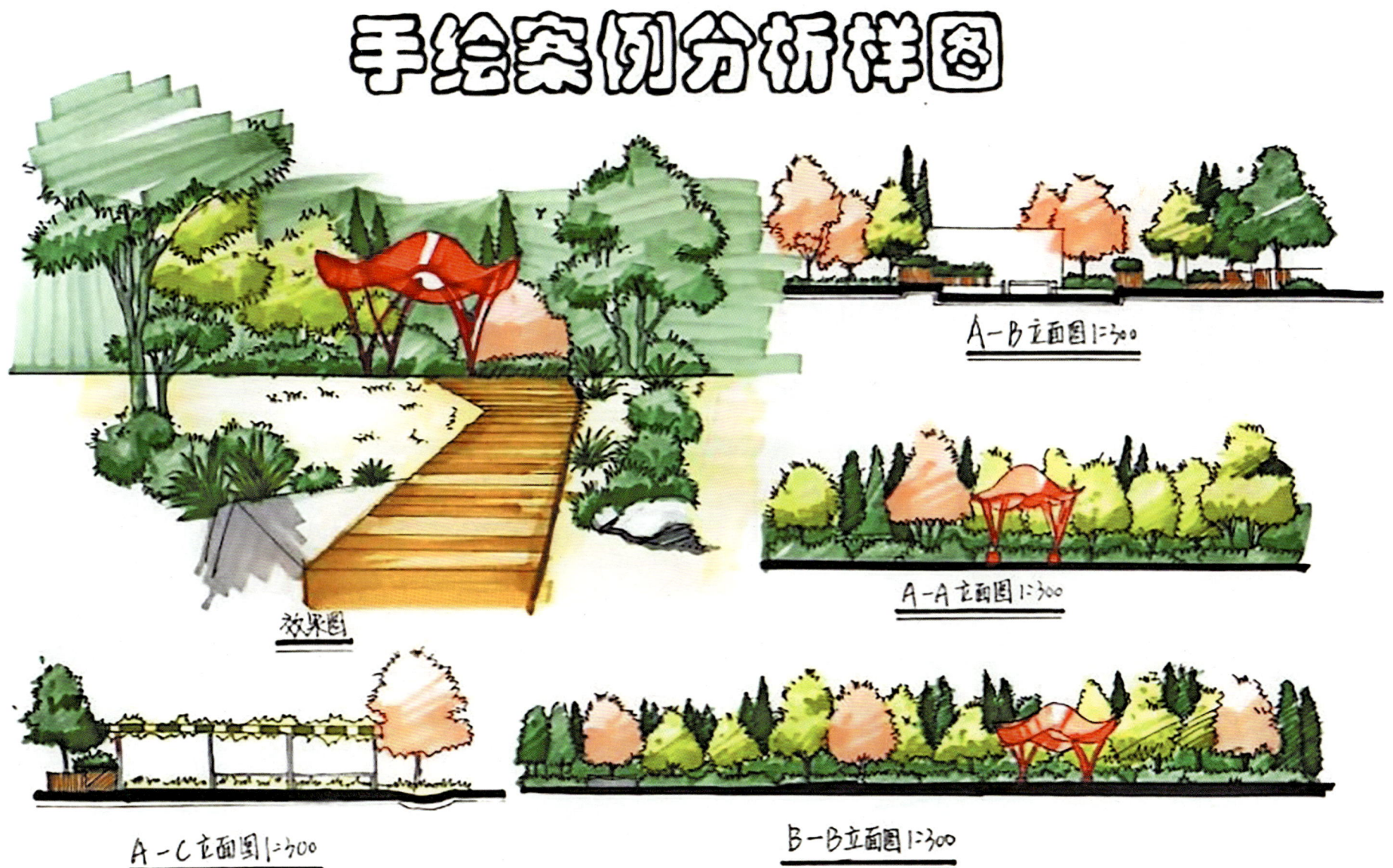

图 3.14　景观手绘案例分析样图（一）

图 3.15 景观手绘案例分析样图(二)

图 3.16 景观手绘案例分析样图（三）

手绘案例分析样图

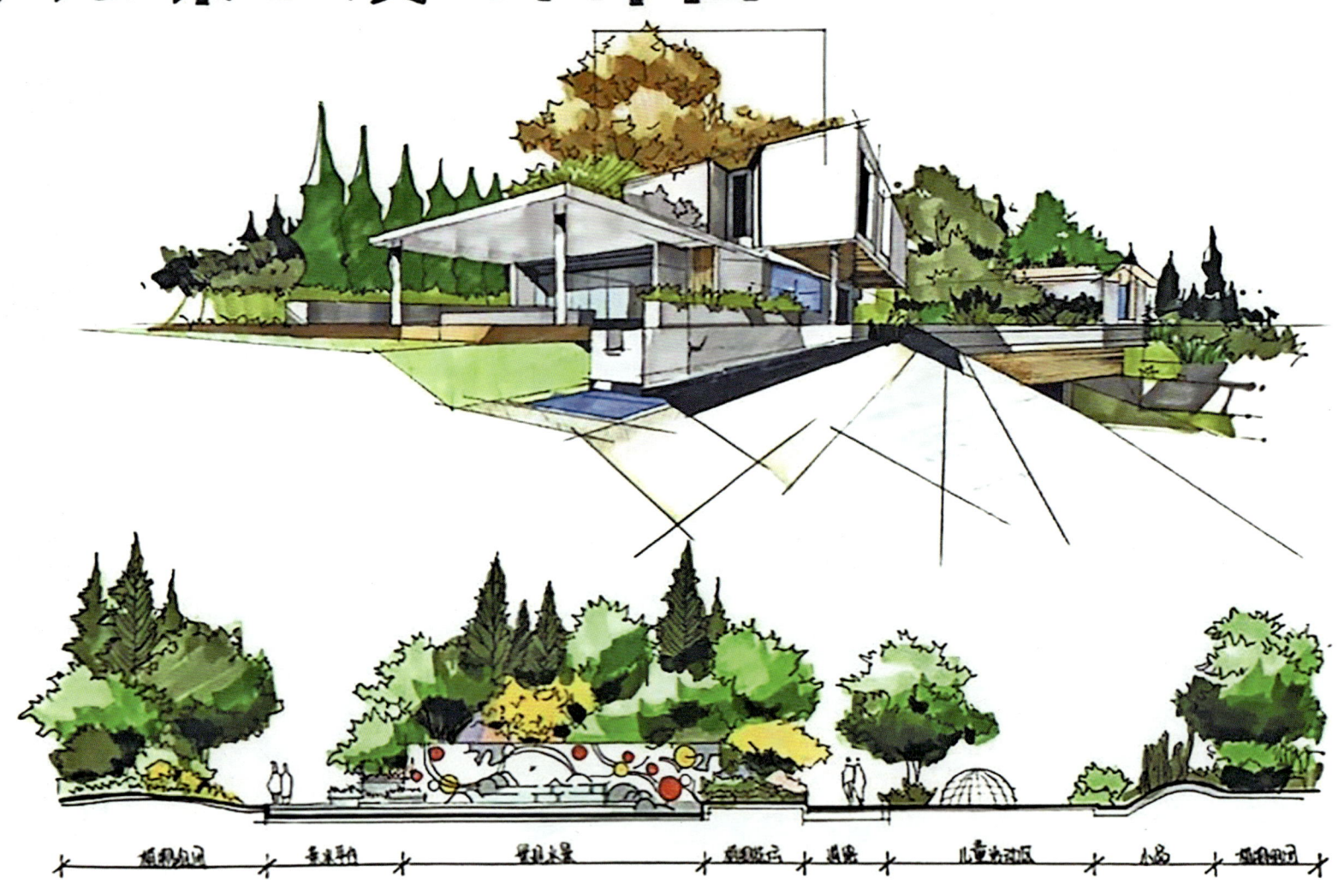

图 3.17 景观手绘案例分析样图（四）

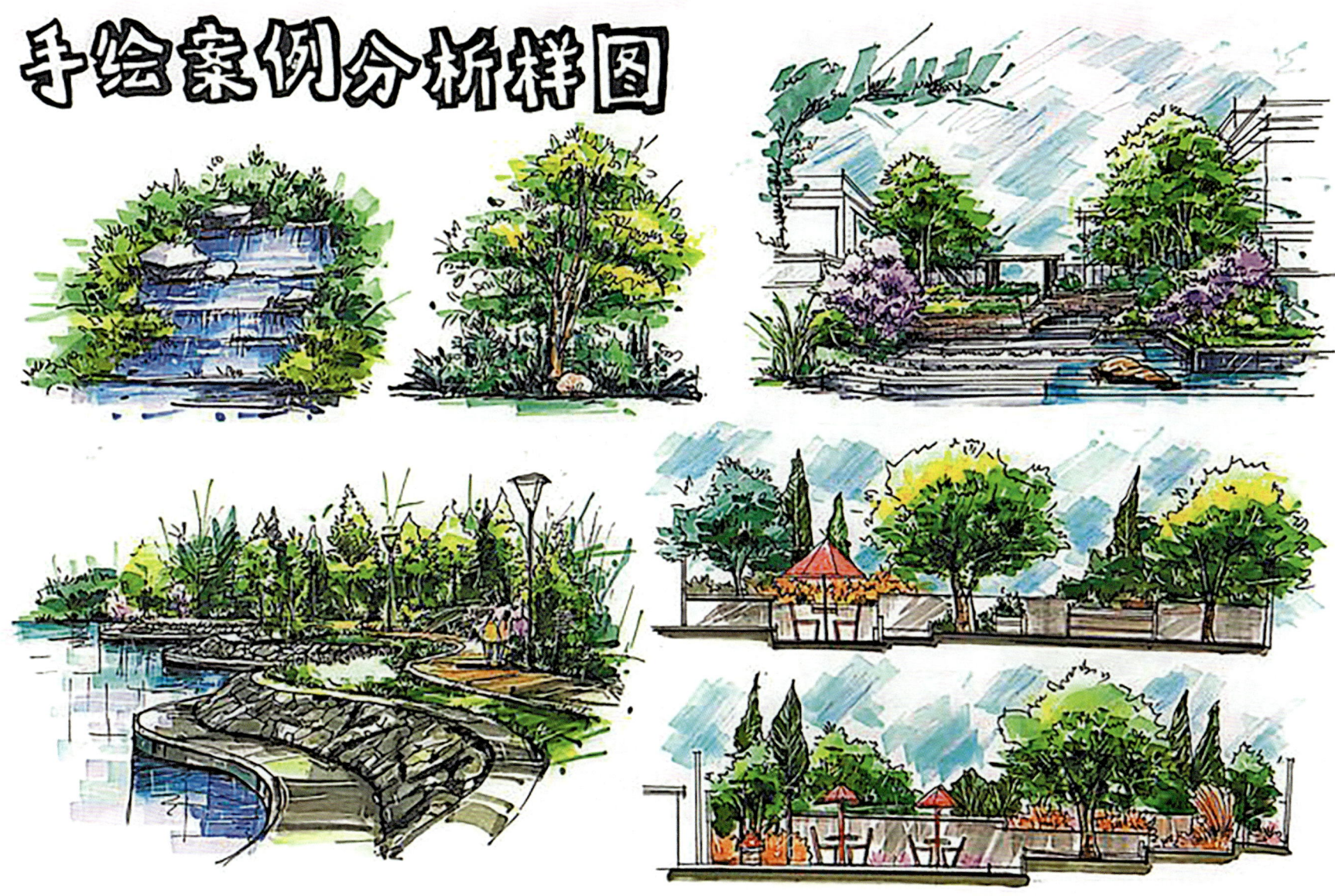

图 3.18 景观手绘案例分析样图(五)

图 3.19 景观手绘案例分析样图(六)

3.3 快题设计中的创新与实验

3.3.1 促进创新思维的方法和技巧

促进快题设计创新思维的方法和技巧多种多样,它们旨在激发设计者的创造力和想象力,从而打破常规,产生独特且富有创意的设计方案。以下是一些有效的方法和技巧。

首先,要开展头脑风暴。这是一种集体讨论的方式,通过自由联想和讨论,激发团队成员的思维活力。在头脑风暴过程中,鼓励大家提出各种想法,不论是否实际可行,重点是激发创新思维。

其次,要进行跨学科学习。不同学科的知识和思维方式可以为设计提供新的视角和灵感。因此,设计者应该广泛涉猎各种学科,从中汲取营养,丰富自己的设计思维。

再次,要运用设计思维方法。设计思维是一种解决问题的思维方式,它强调以用户为中心,注重观察、理解和满足用户需求。通过运用设计思维方法,可以更好地把握用户需求,从而提出更具创新性的设计方案。

最后,要借鉴优秀案例。优秀的案例往往蕴含着独特的设计理念和创意,通过学习这些案例,可以启发自己的设计思维,激发创新灵感。

同时,要尝试使用不同的设计工具和技术。不同的设计工具和技术可以为设计带来不同的效果和可能性。例如,尝试使用手绘、数字绘图、3D建模等不同的设计工具和技术,可以产生不同的设计风格和效果。

此外,要保持开放和灵活的心态。创新往往需要打破常规,接受新事物。因此,设计者应该保持开放和灵活的心态,勇于尝试新的想法和方法,不断挑战自己的思维极限。

综上所述,促进快题设计创新思维需要设计者综合运用多种方法和技巧,不断激发自己的创造力和想象力。通过不断地实践和学习,设计者可以逐渐提高自己的创新设计能力,产生更多优秀的设计作品。

3.3.2 实验与探索在快题设计中的重要性

实验与探索在快题设计中具有不可或缺的重要性,它们共同构成了设计过程中的关键环节,有助于设计者深化理解、突破创新,并最终实现设计目标。

首先,实验为快题设计提供了丰富的实践机会。通过实验,设计者能够亲自操作、观察、分析和总结,从而更加深入地理解设计原理、材料特性和工艺要求。这种实践性的学习有助于巩固设计者的理论知识,并使其在设计过程中更加得心应手。

其次,探索是快题设计创新的关键驱动力。在探索过程中,设计者需要不断尝试新的设计理念、方法和技术,挑战传统的设计框架和限制。通过探索,设计者可以发现新的设计可能性,创造出独特且富有创意的设计方案。这种创新性的探索有助于提升设计作品的独特性和竞争力。

最后,实验与探索还能够提升设计者的综合素质。在实验过程中,设计者需要具备扎实的专业知识和技能,同时还需要具备独立思考、解决问题的能力。而在探索过程中,设计者则需要具备敏锐的洞察力、丰富的想象力和勇于尝试的精神。这些素质的提升将有助于设计者在未来的设计工作中更加出色地应对各种挑战。

此外,实验与探索也是快题设计教学和学习的重要组成部分。通过引导学生进行实验与探索,教师可以帮助学生培养创新思维和实践能力,提高其快题设计的水平和质量。而学生则可以通过实验与探索,不断积累经验和提升能力,为未来的设计生涯奠定坚实的基础。

综上所述,实验与探索在快题设计中具有极其重要的地位。它们不仅能够深化设计者的理解、推动创新,还能够提升设计者的综合素质和教学效果。因此,在快题设计过程中,我们应该充分重视实验与探索的作用,积极投入其中,不断寻求新的突破和进步,如图 3.20 至图 3.27 所示。

思考题

思考题一

你认为哪些方法或练习可以帮助提升设计思维,使其更加适应快题设计的需求?

思考题二

在日常的设计工作中,你如何有意识地培养和训练自己的设计思维能力?

图3.20 空间思维转化分析图(一)

第3章 快题设计思维解析

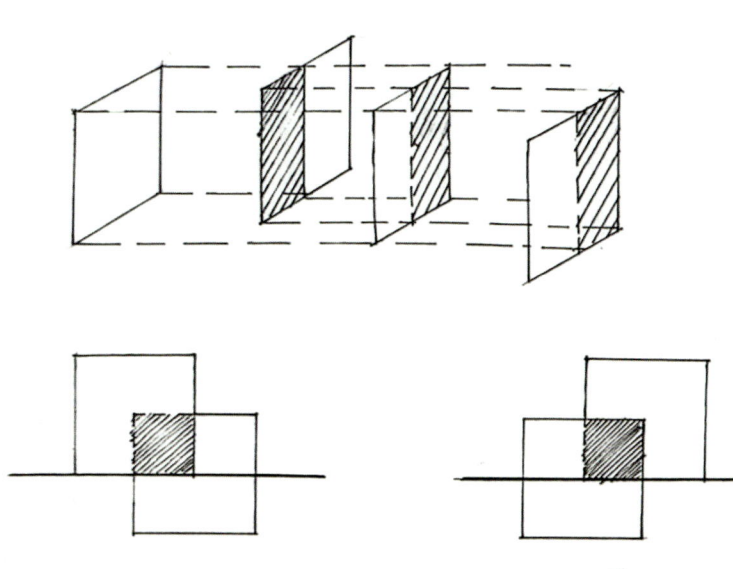

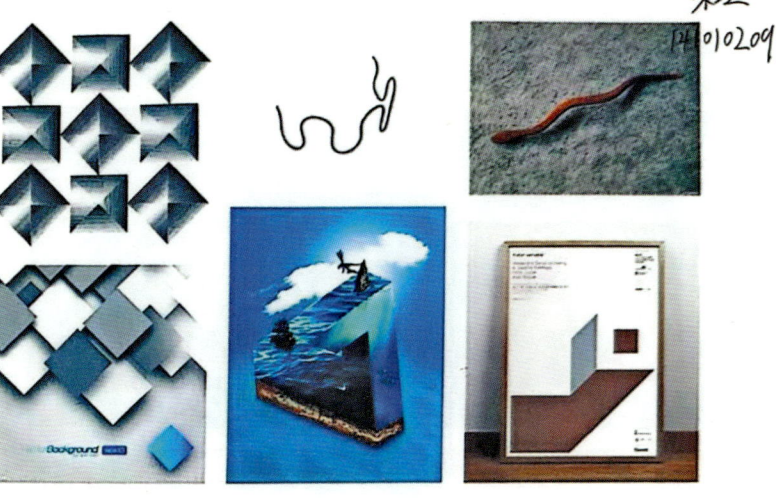

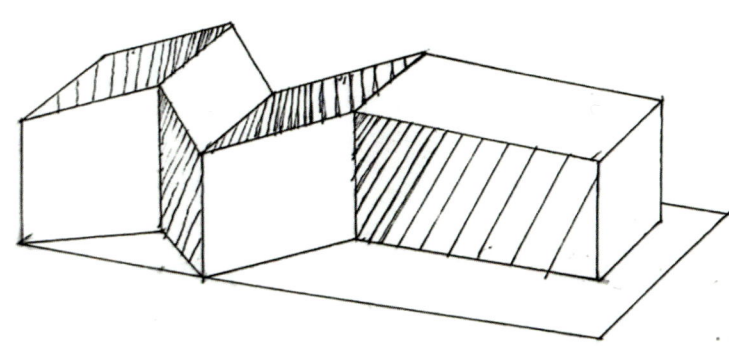

图 3.21 空间思维转化分析图（二）

有机形态的寻找与思索——体验空间设计

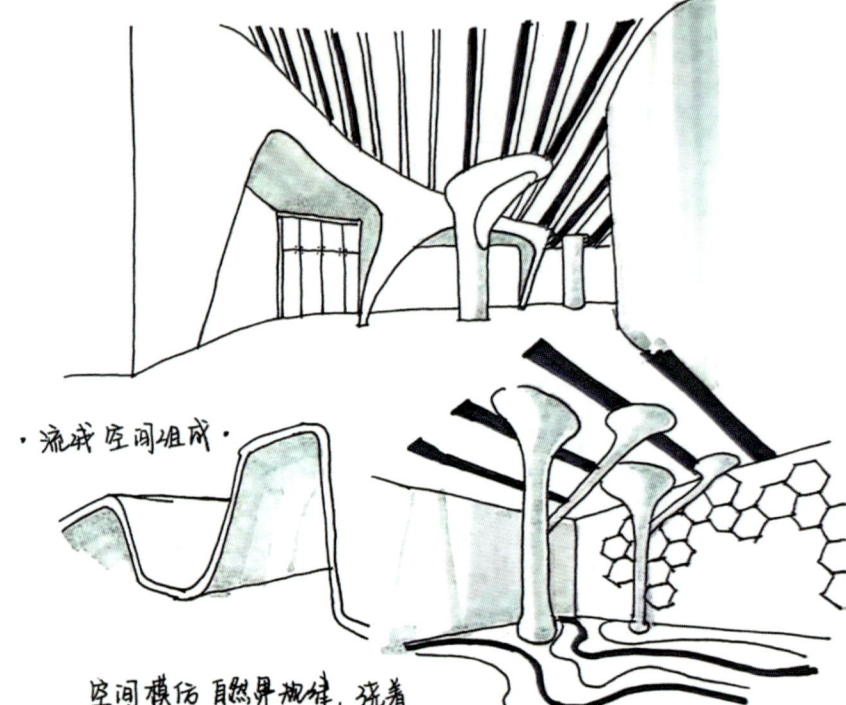

·流线空间组成·

空间模仿自然界规律，依着生活的不同部分，相互关联循环运转，并合为一体。自然用亲密建筑设计提供了思维启蒙，学会从自然找灵感，只是开始的第一步，生活中处处有惊喜，处处都是给人的礼物。

水纹、木纹、岩石、蛛网、蜂巢等等自然界种种精美的树脂，完美的构成了人类眼中的大自然，学会如何利用，如何模仿，才是人与自然仿合的最好的合体。

·点线面分割空间·

图 3.22 空间思维转化分析图（三）

图 3.23 空间思维转化分析图（四）

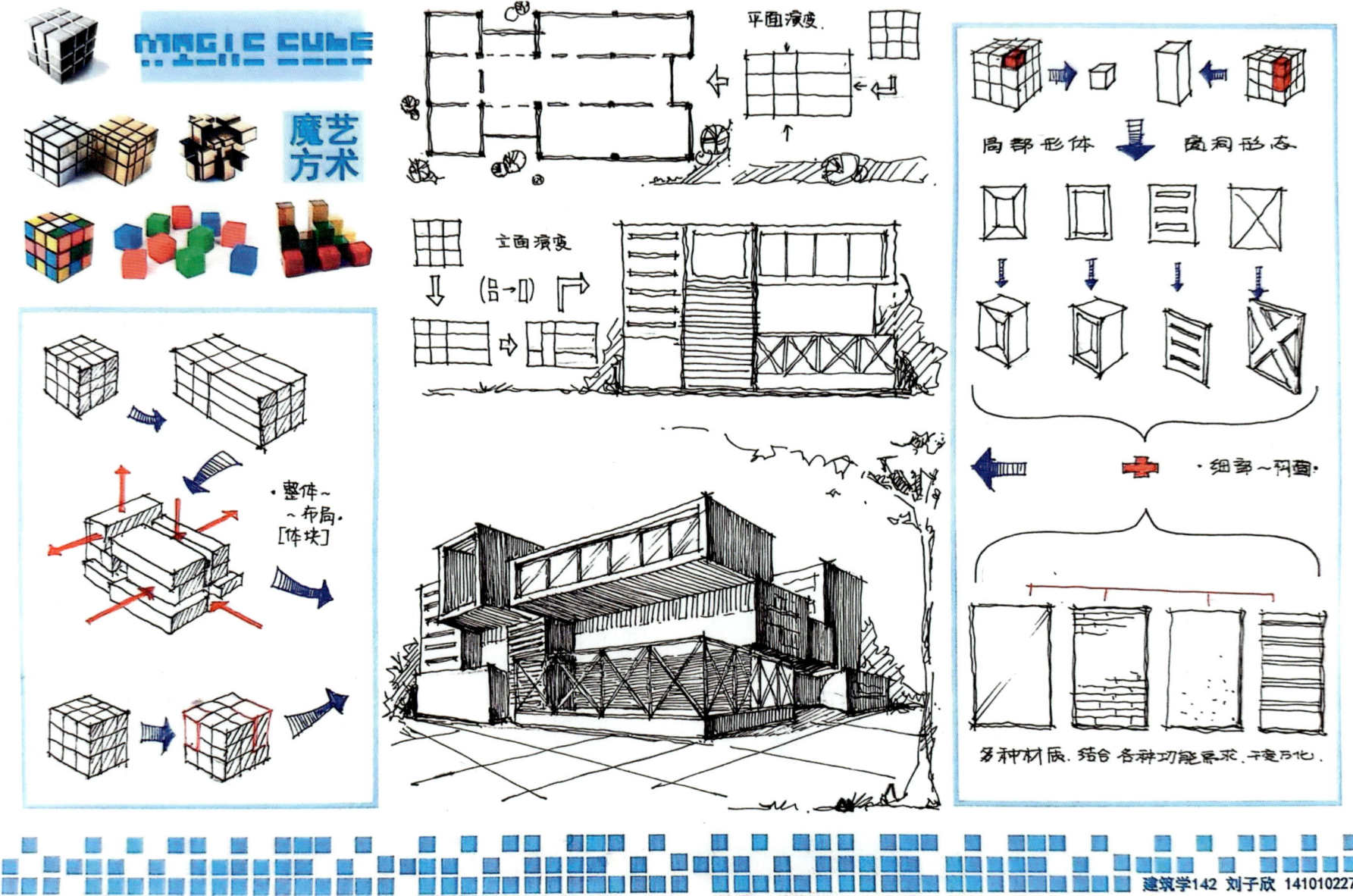

图 3.24　空间思维转化分析图（五）

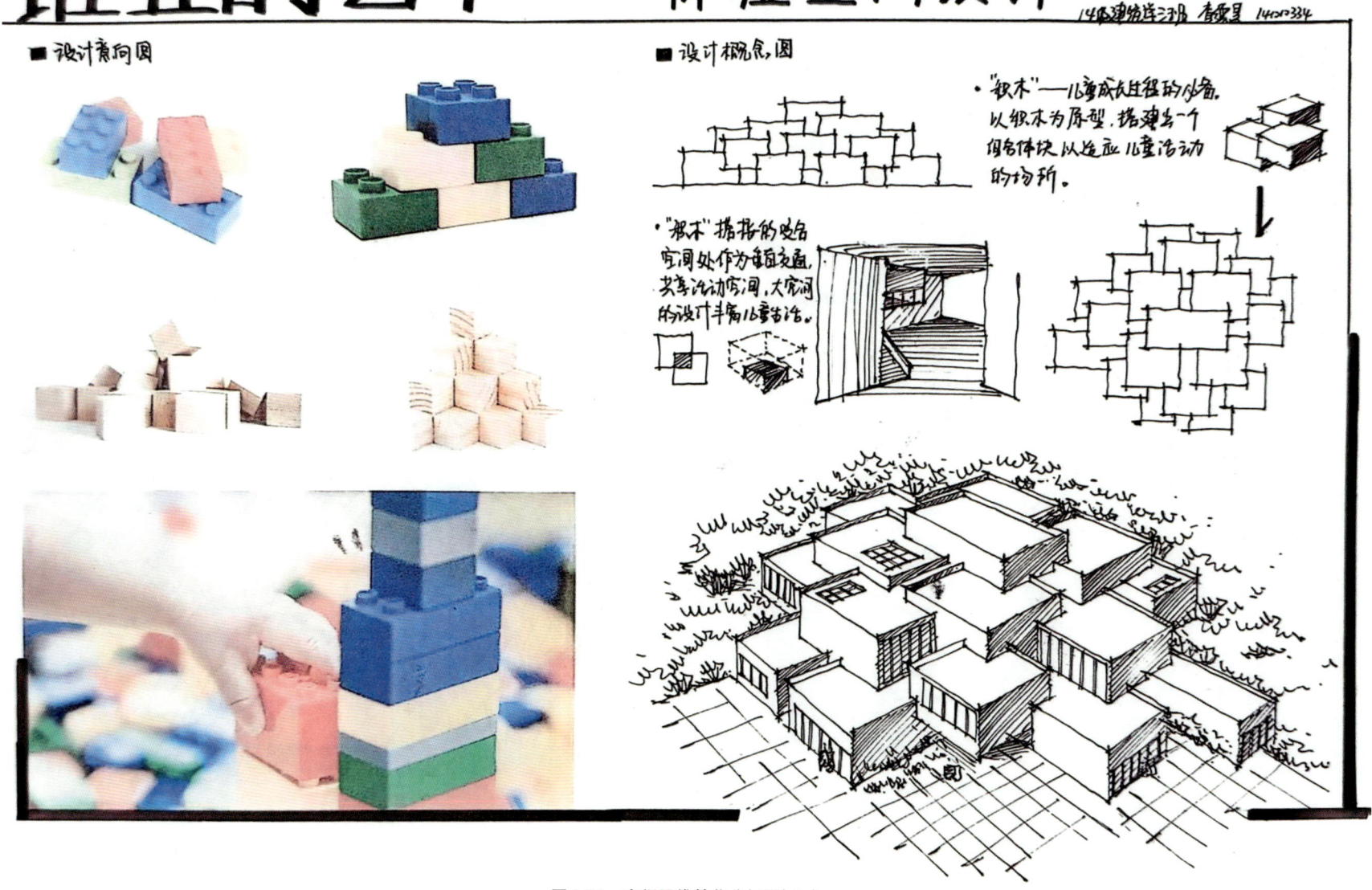

图 3.25　空间思维转化分析图（六）

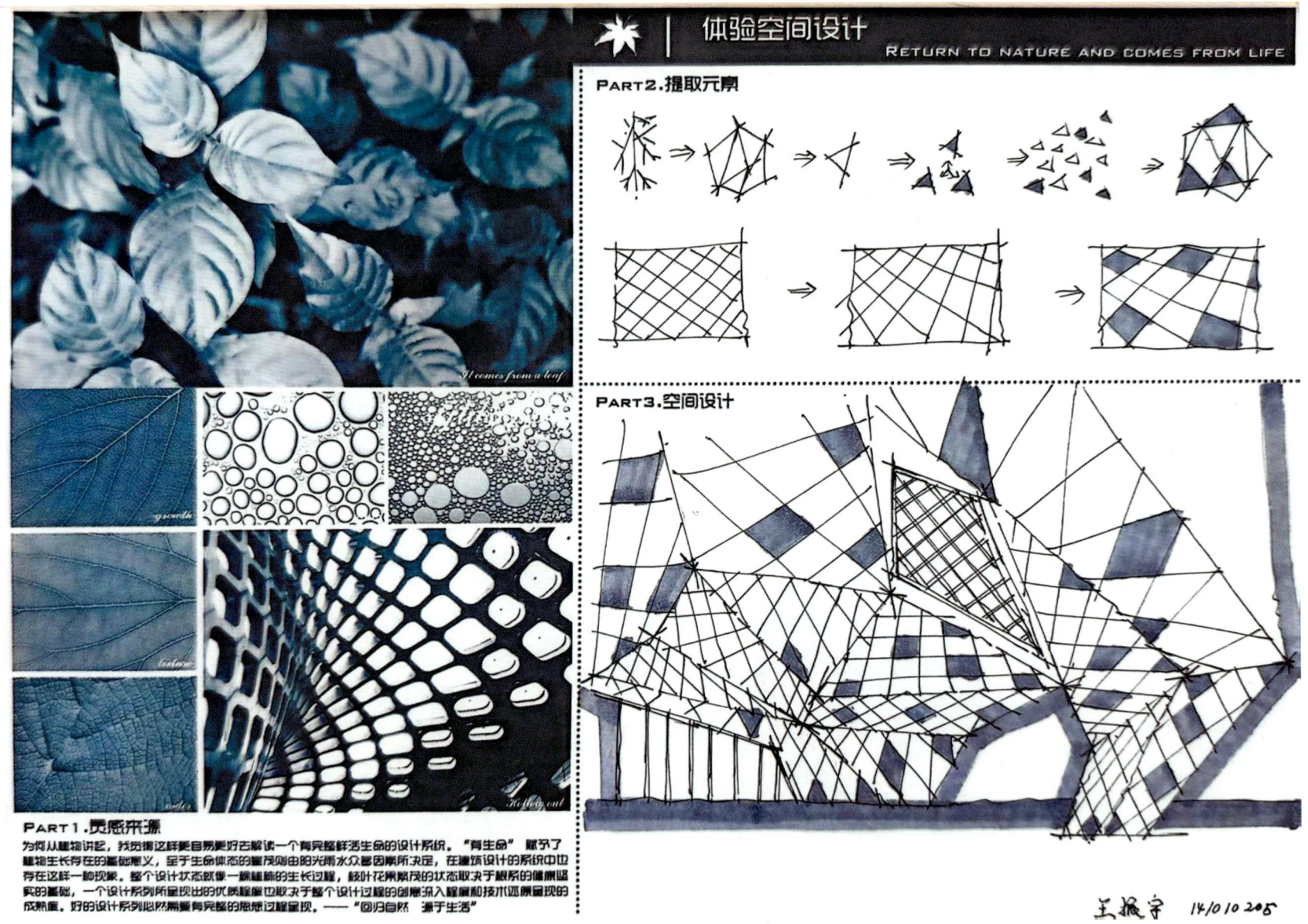

图 3.26 空间思维转化分析图(七)

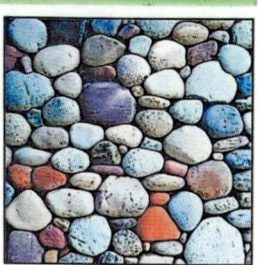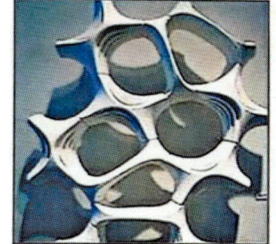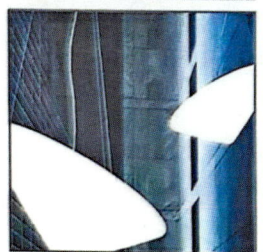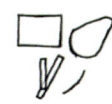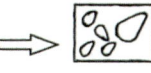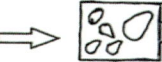

图3.27　空间思维转化分析图（八）

第4章　快题设计创作表现

4.1　设计方案的构成与表达

4.1.1　室内快题设计方案的构成与表达

4.1.1.1　设计方案的构成

（1）设计背景与目标：明确室内设计的背景信息，包括项目来源、设计场所的特定要求等。确定设计目标，如功能性、美观性、舒适度等。

（2）功能分区与布局：根据设计目标和场所特性，进行合理的功能分区，如休息区、工作区、储藏区等。绘制设计草图，确定各功能区的布局和位置，确保流线合理有序。

（3）设计元素与风格：选择和确定设计元素，如色彩、材质、照明、家具等，确保它们与整体设计风格相协调。设定室内设计的整体风格，如现代简约、中式古典、北欧风格等。

（4）细节处理与优化：对特定区域或部位进行优化设计，如入口玄关、窗户景观、照明布局等。考虑人体工程学原理，确保设计符合人的使用习惯和舒适性。

（5）技术细节与材料选择：如果设计涉及特定的技术实现，如隔墙材料、地面铺装等，需要详细描述技术细节和材料选择。考虑环保、耐用性和维护成本等因素，选择合适的材料。

4.1.1.2　设计方案的表达

（1）平面图表达：绘制详细的室内平面图，展示各功能区的布局和位置关系。

标注必要的尺寸、比例和符号，确保图纸的准确性和可读性。

（2）立面图与剖面图：绘制立面图和剖面图，展示室内空间的立面效果和结构关系。突出设计的重点和特色，如墙面造型、天花板设计等。

（3）效果图表达：可以利用尺规等绘图工具，绘制室内设计效果图，展示设计方案的最终视觉效果。

（4）文字说明与解释：编写详细的文字说明，解释设计方案的构思、目标、特点等。突出设计的创新性和实用性，说明设计元素的选择和搭配原因。

综上所述，室内快题设计方案的构成与表达需要注重功能分区合理、空间流线有序、设计元素协调以及技术细节精确等方面。同时，在表达方面需要采用多种手段，确保设计方案能够准确、生动地传达给目标受众，如图4.1至图4.8所示。

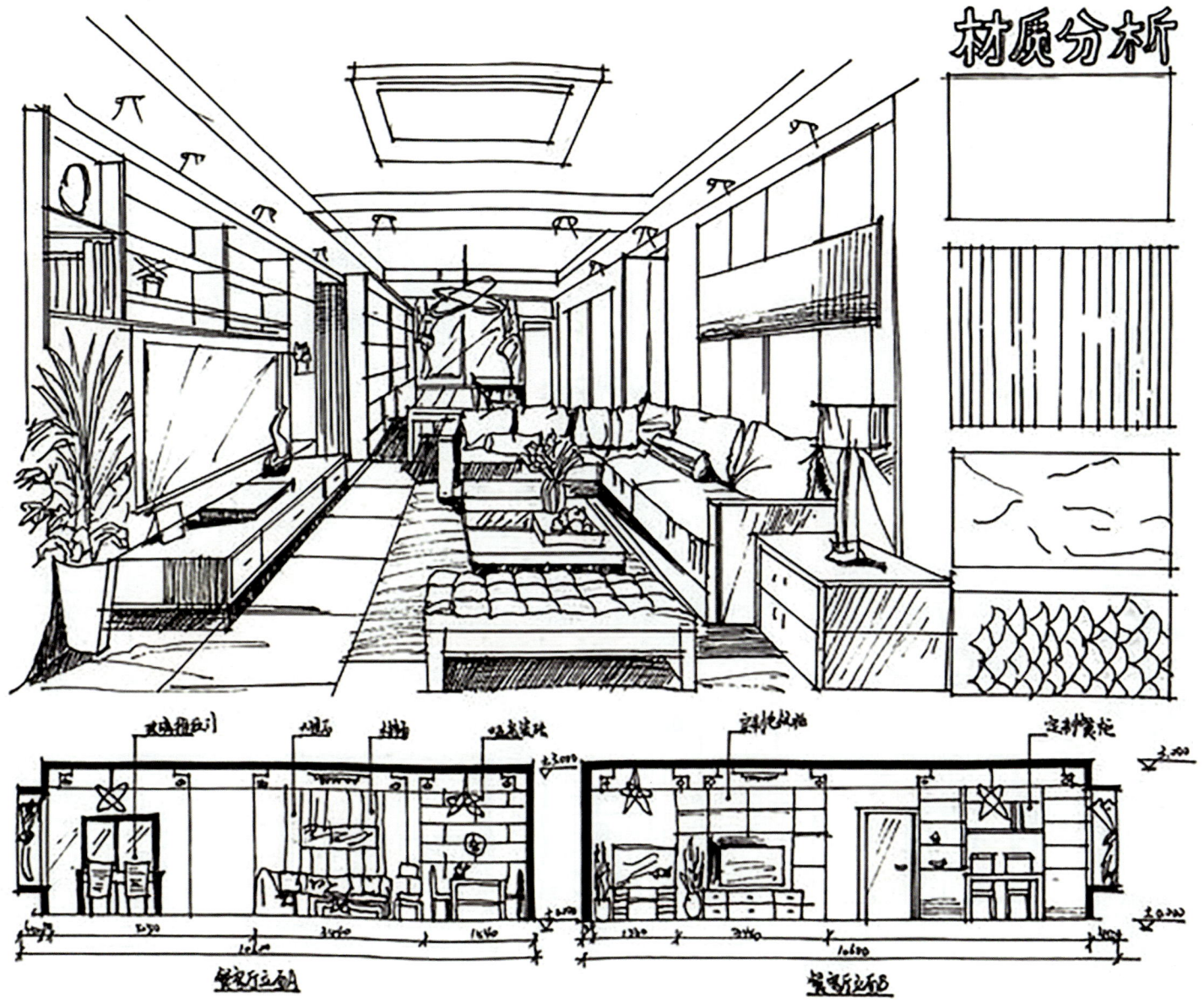

图 4.1 居住空间室内快题设计方案解析墨线图

图 4.2　居住空间室内快题设计方案解析上色图

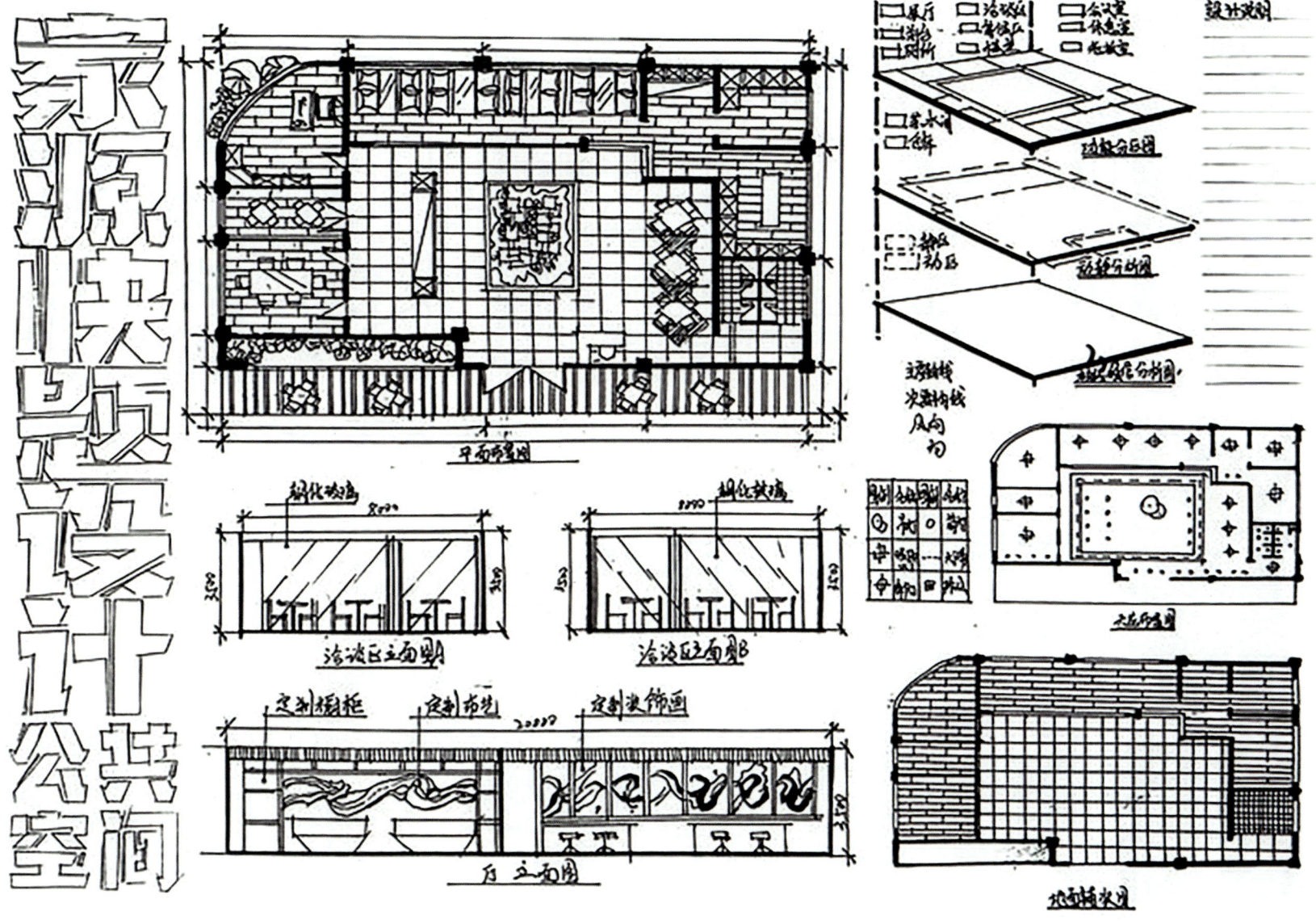

图 4.3 售楼处室内快题设计方案解析墨线图(一)

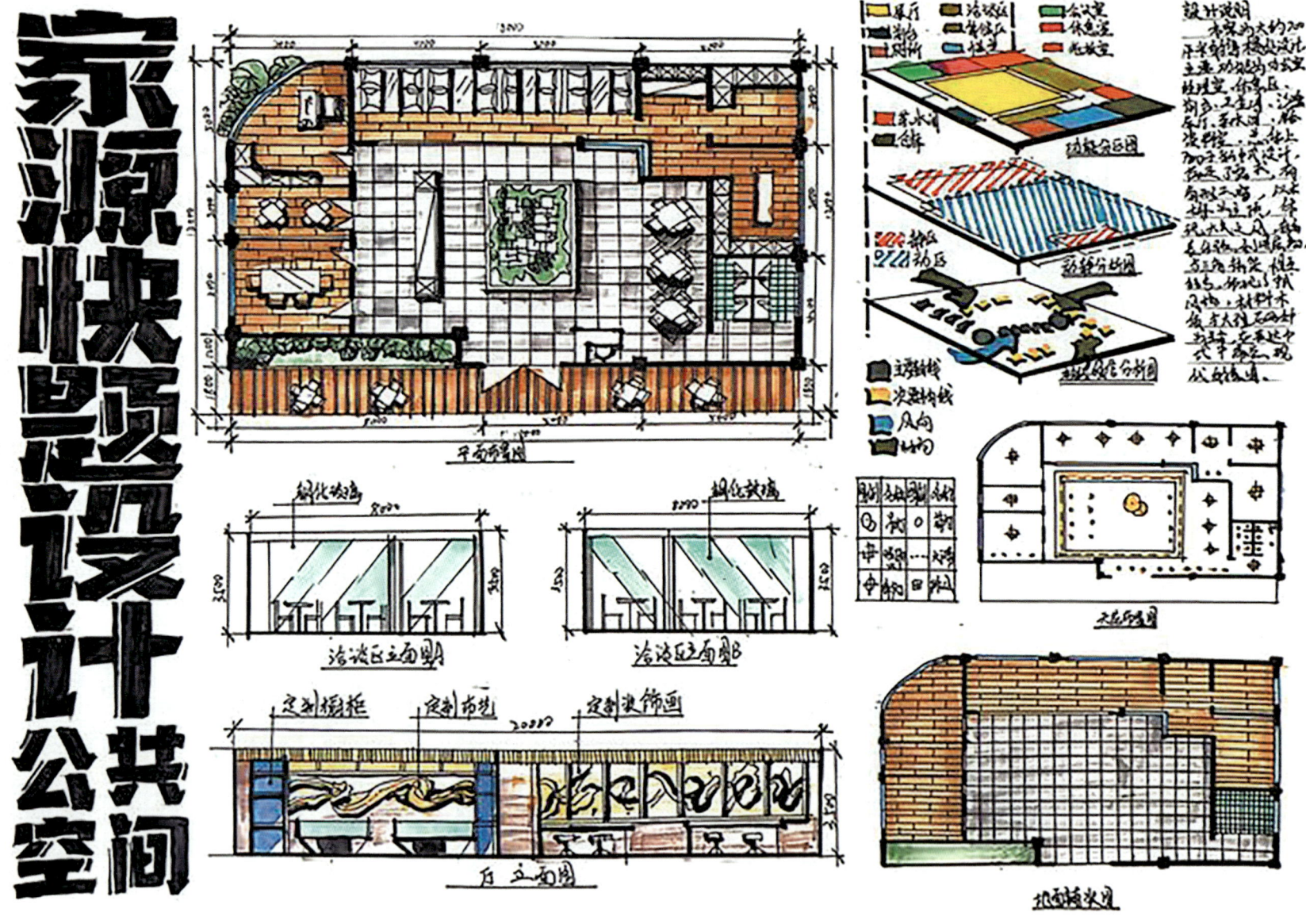

图 4.4 售楼处室内快题设计方案解析上色图（一）

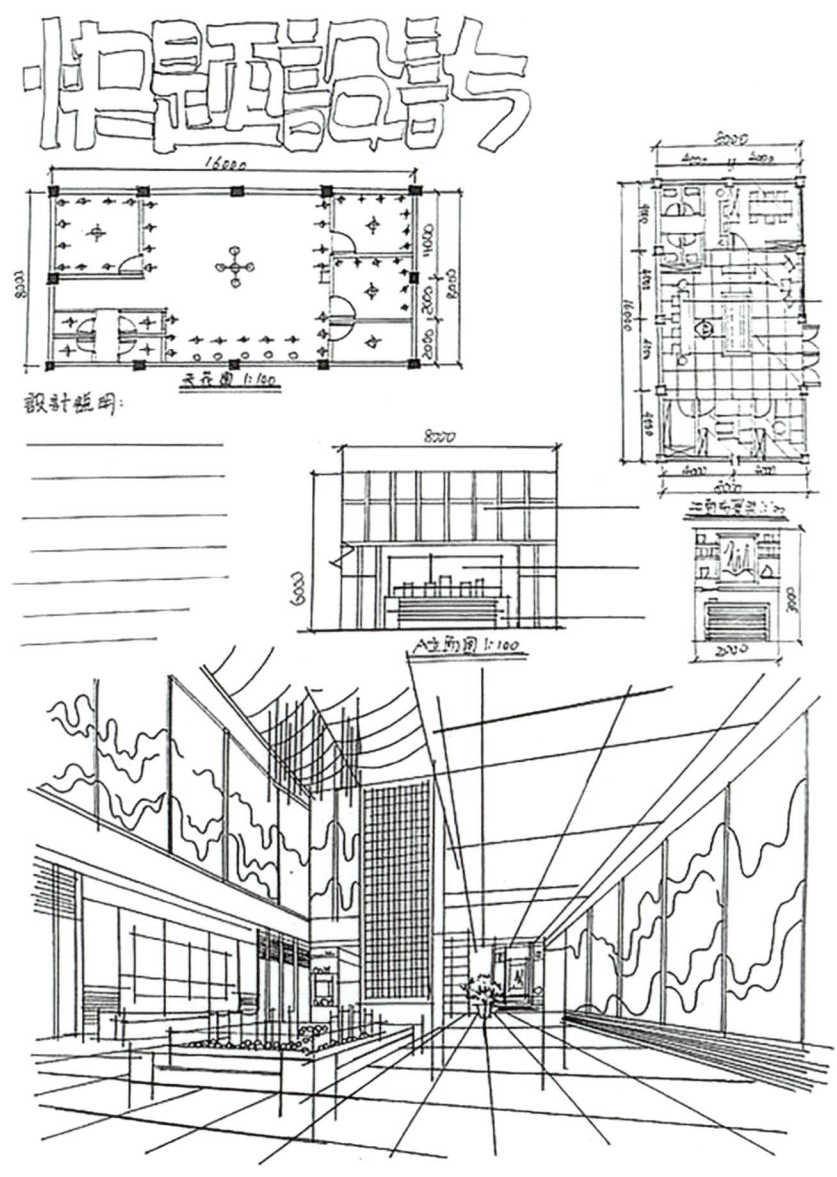

图 4.5 售楼处室内快题设计方案解析墨线图(二)

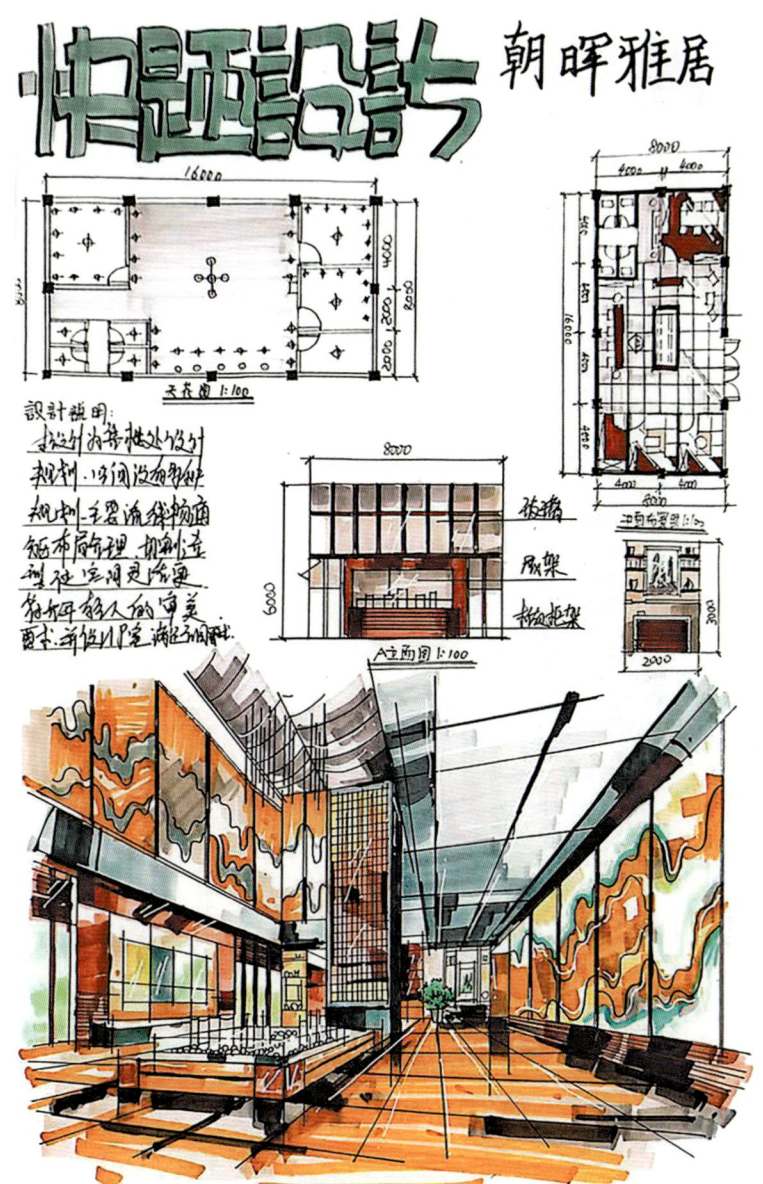

图 4.6 售楼处室内快题设计方案解析上色图(二)

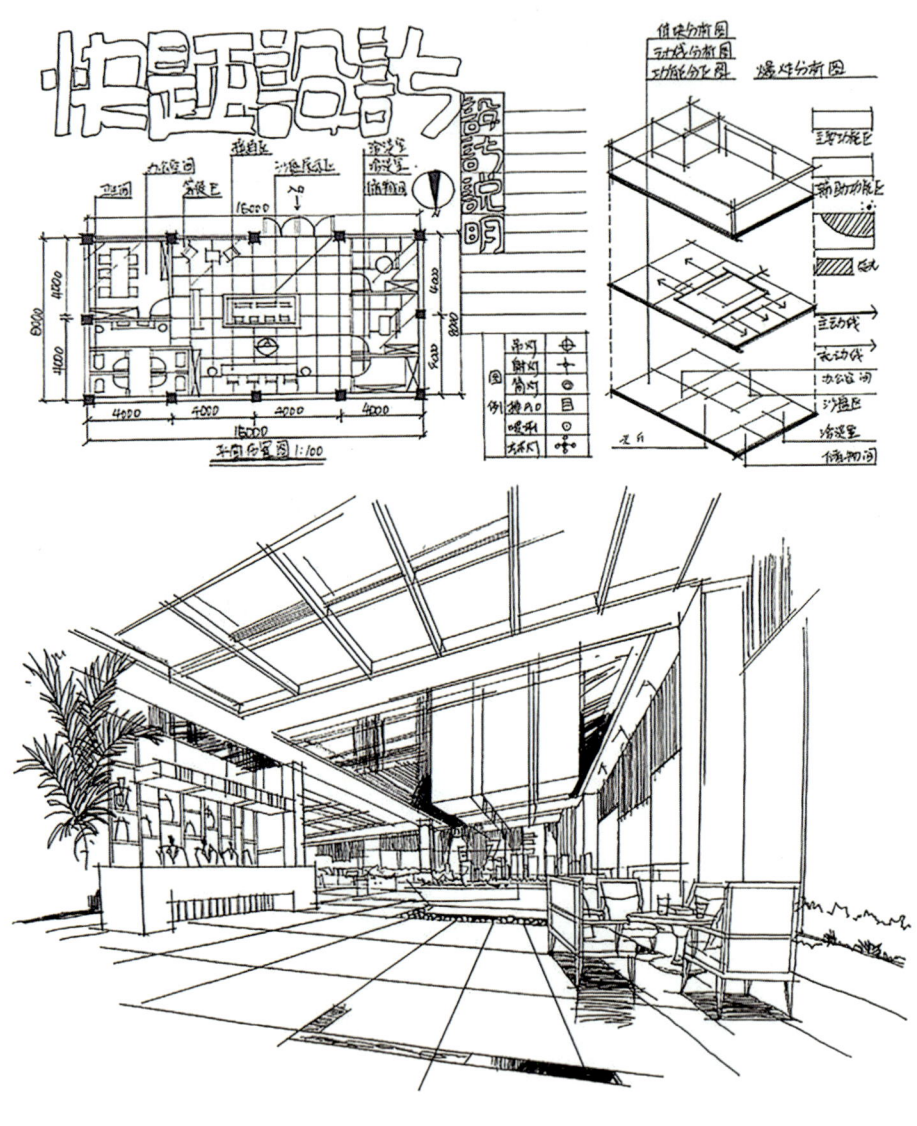

图 4.7 售楼处室内快题设计方案解析墨线图（三）

图 4.8 售楼处室内快题设计方案解析上色图（三）

4.1.2 景观快题设计方案的构成与表达

4.1.2.1 设计方案的构成

（1）项目背景研究：详细了解项目所在地的地理、气候、人口和文化等方面的信息。研究项目的整体目标和要求，与当地政府和业主进行充分沟通。

（2）场地分析：对场地进行地形、土地利用、植被、水文等方面的详细调查。分析附近建筑物、交通、人流等因素对景观设计的影响。

（3）设计概念确定：在短时间内形成初步的设计概念，确定项目的整体主题和风格。考虑场地的特点和项目的需求，确保景观的可持续性、可访问性和安全性。

（4）方案细化：制定具体的设计方案和草图，包括景观的布局、景观元素的选择和配置，以及材料和植物的选择等。进行必要的成本估算和时间计划。

（5）技术细节与材料选择：如果设计涉及特定的技术实现，如灌溉系统、照明系统等，需要详细描述技术细节和材料选择。考虑环保、耐用性和维护成本等因素，选择合适的材料。

4.1.2.2 设计方案的表达

（1）图纸表达：绘制详细的景观平面图，展示各元素的位置和尺寸。使用指北针标注方向，并清晰地表达设计中的空间关系、交通关系、植被、水体、地形等元素。如有需要，可绘制立面图、剖面图等，以更全面地展示设计细节。

（2）效果图表达：手绘景观效果图，通过一点或两点透视图或者鸟瞰图等方式展示设计的最终视觉效果。效果图应该体现设计者的审美能力，表达设计意图，并展现个性和风格。

（3）文字说明：编写设计说明，包括设计思路及主题、功能布局、交通流线、景观分析等。文字说明应突出重点，简明扼要，确保能够准确地传达设计思想和意图。

综上所述，景观快题设计方案的构成与表达需要注重项目背景研究、场地分析、设计概念确定、方案细化以及技术细节与材料选择等方面。在表达方面，通过图纸、效果图、文字说明等多种手段，确保设计方案能够准确、生动地传达给目标受众，如图4.9至图4.13所示。

图4.9 公园景观快题设计方案图

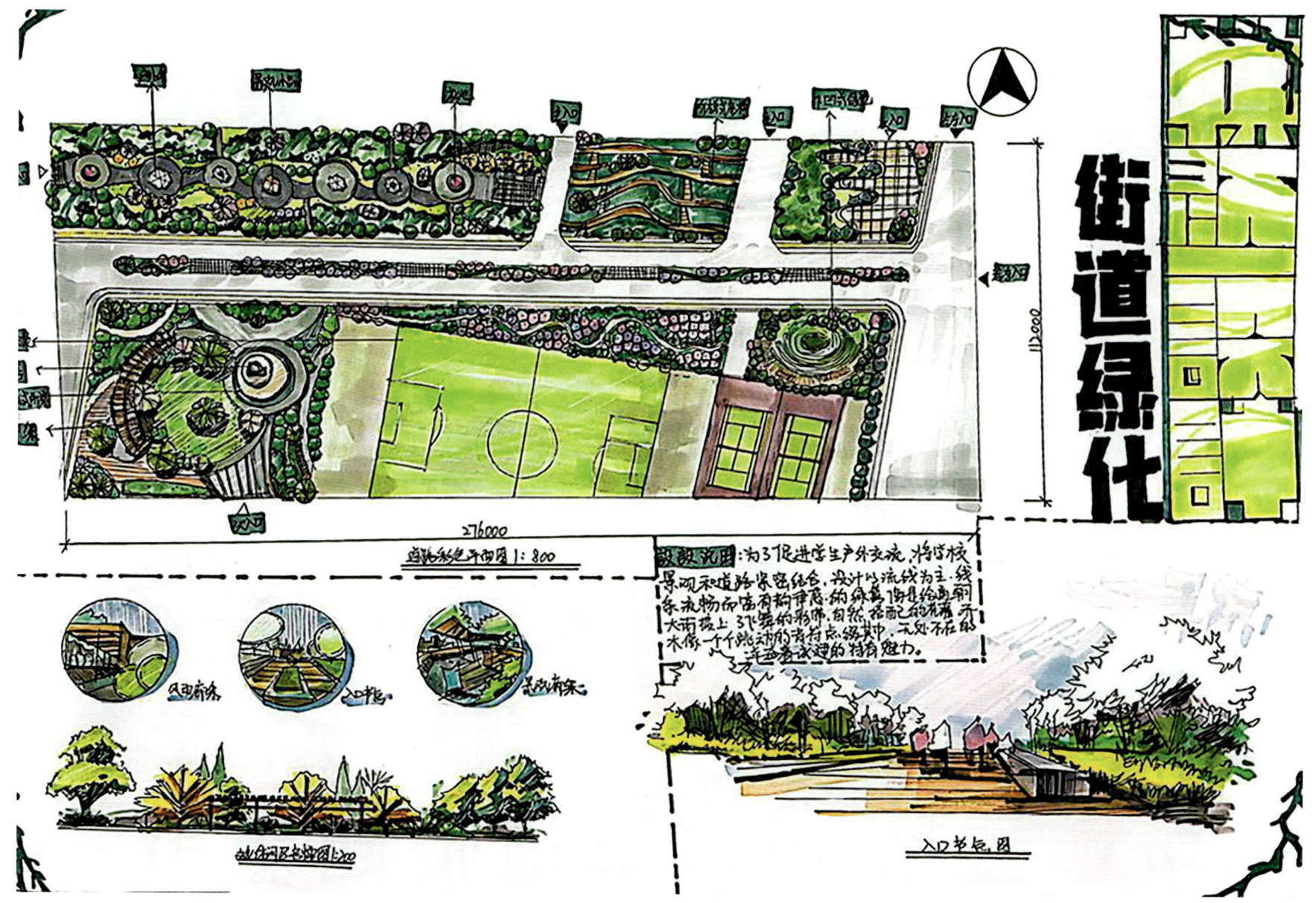

图 4.10 街道绿地景观快题设计方案图(一)

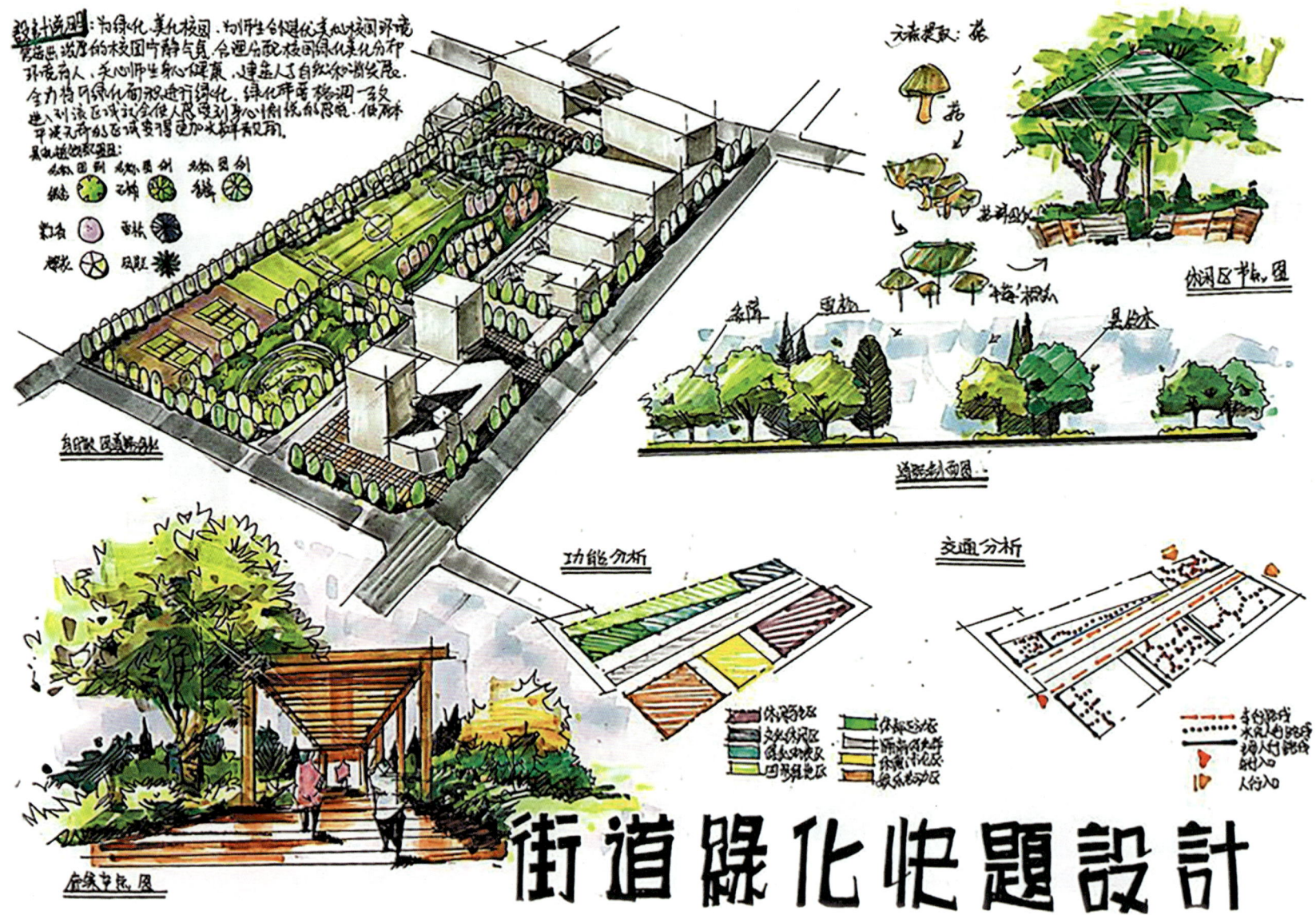

图4.11 街道绿地景观快题设计方案图(二)

图 4.12　公园快题设计方案重点景观节点效果图

图 4.13 公园快题设计方案鸟瞰效果图

4.2 设计表现技巧

4.2.1 色彩运用

（1）主色原则：在快题设计中，色彩运用要遵循主色原则。主色调应占到整幅画面的60%~70%，以营造画面的整体色彩倾向。同时，适当运用辅助色调和点缀色调，避免画面过于花哨。

（2）对比原则：运用冷暖对比法加强色彩的对比，拉开距离感，表现出特殊的视觉对比与平衡效果。在画面中恰当地使用对比色，能使画面和谐并增强视觉冲击力。

4.2.2 画面节奏

（1）疏密节奏：在设计中要注意疏密对比，通过"密"与"疏"的相互呼应产生和谐的气氛，避免画面过于单调或缺乏变化。

（2）用笔手法：不同的物体、材质需要用不同的上色手法，如排笔、斜推、扫笔等。熟练掌握这些手法，可以使画面产生节奏感，成为试卷的亮点。

4.2.3 字体与版式

（1）主标题设计：字体是视觉传达设计的重要元素之一，有趣且符合主题的字体设计能增强画面的完整性，提高画面的评分。

（2）版式设计：版式布局需要在"建立秩序"与"打破秩序"之间反复进行。合理布置文字、图片、符号等元素，解决矛盾，形成和谐的整体效果。

4.2.4 作图顺序与工作内容

（1）方案阶段：首先确定平面图、主立面、空间透视和版面设计等内容，这些是最主要的图面内容。

（2）逐步细化：从入口层平面图开始，逐步细化到二层平面图（局部三层）、主立面图、透视图/轴测图等。每个阶段的上色等效果表达可以一并完成也可在所有图绘制完成后再进行。

（3）剖面图与次立面图：根据已经完成的各层平面、主立面和透视图来把握剖面图和次立面图的绘制。

（4）总平面图与设计分析：最后完成总平面图，并进行设计分析、构造大样、标题、设计说明等文字书写。

4.2.5 设计思维与操作

（1）设计思维敏锐流畅：快速理解题意，快速分析设计条件，快速构思立意并找准设计方向。

（2）设计操作行云流水：用粗线条、图示化、符号化的图形落实到纸面上，并通过视觉对其进行分析、比较、综合、评价等。

综上所述，快题设计表现技巧涵盖了色彩运用、画面节奏、字体与版式、作图顺序与工作内容以及设计思维与操作等多个方面。熟练掌握这些技巧，有助于提高快题设计的效率和质量，如图4.14至图4.25所示。

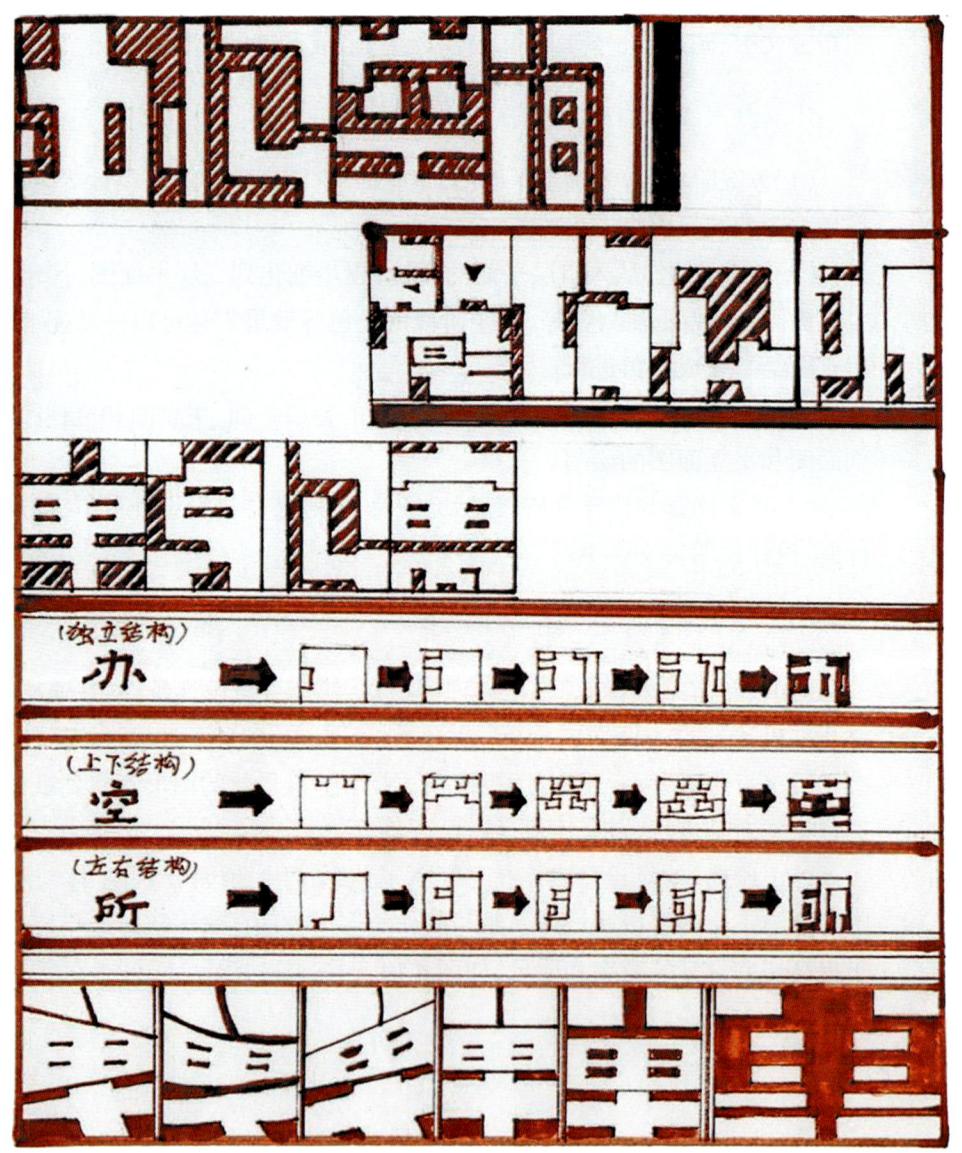
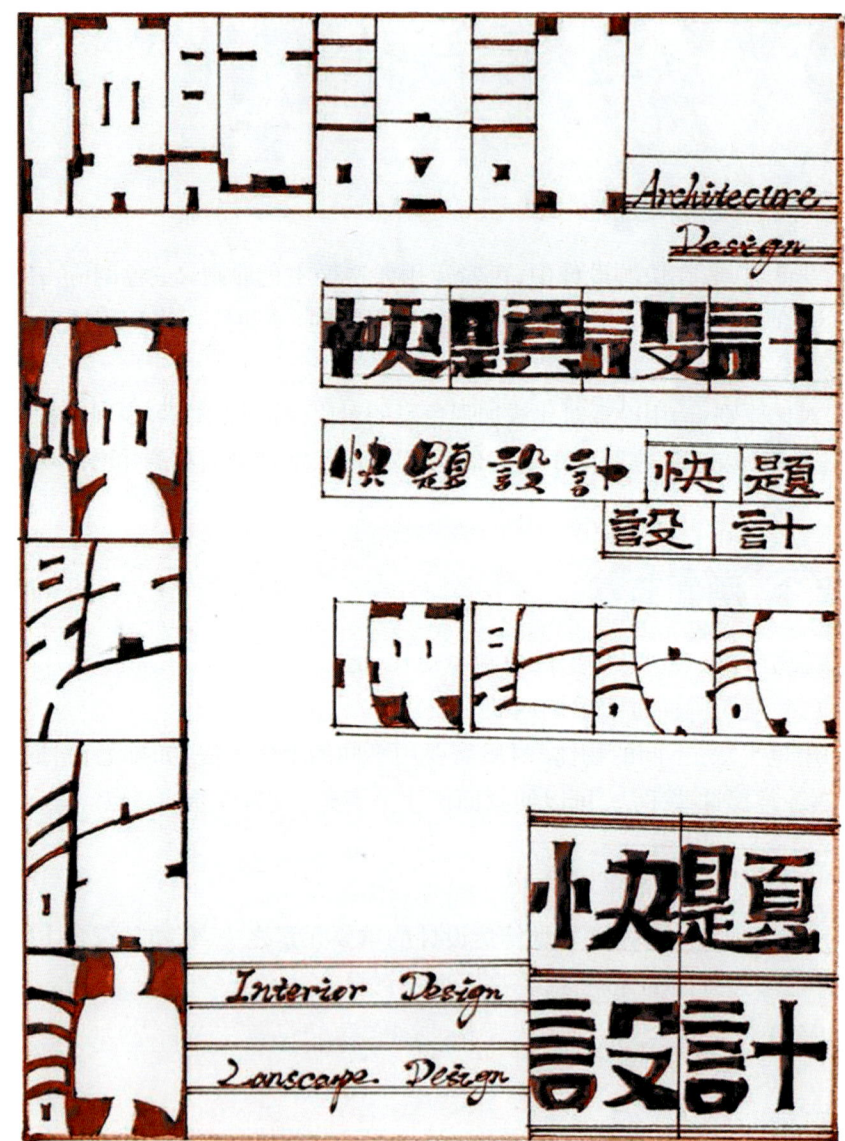

图4.14 字体设计与表现

图 4.15 居住空间室内快题设计过程表现图

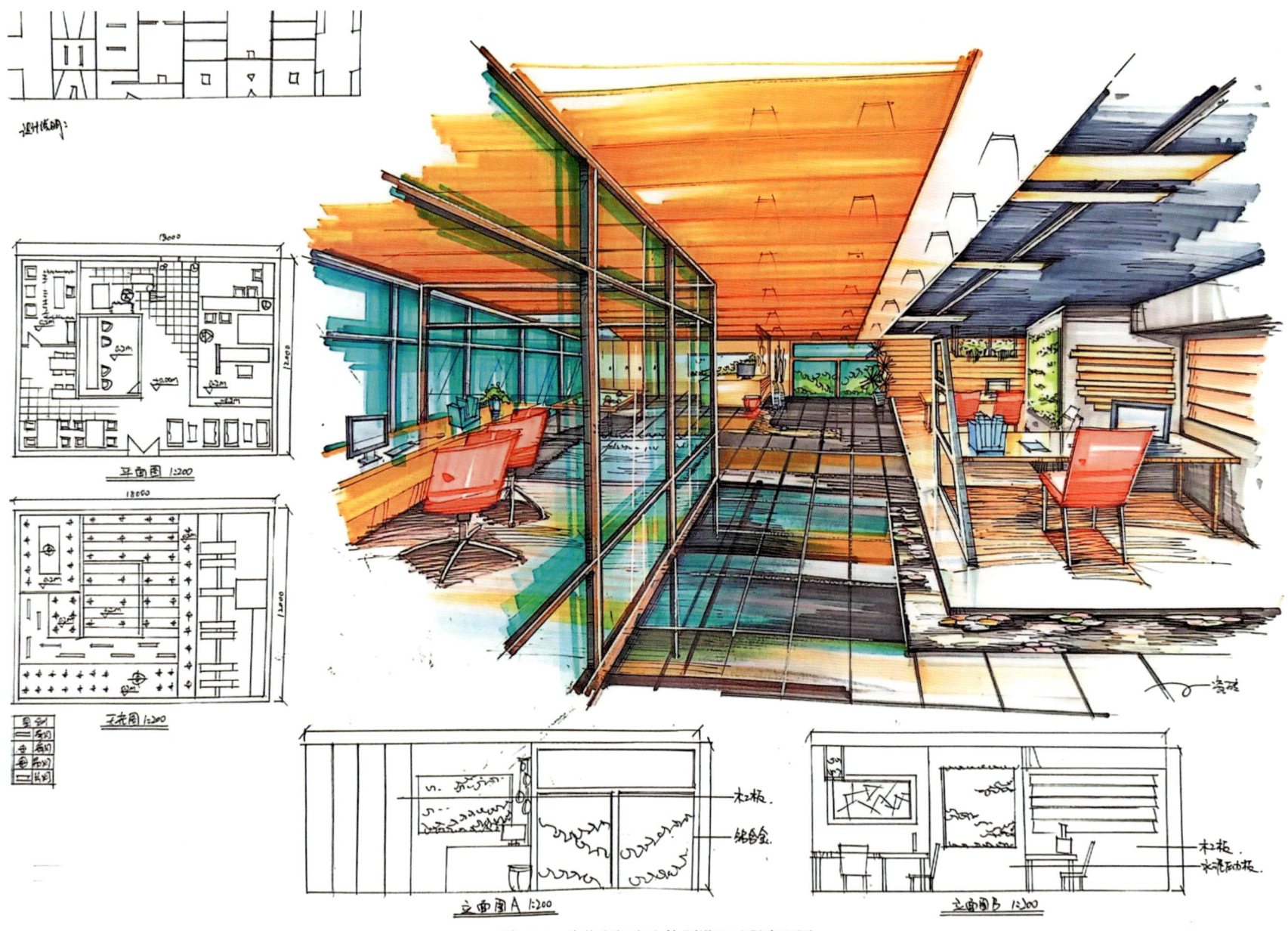

图 4.16 公共空间室内快题设计过程表现图

图 4.17　餐饮空间室内快题设计重点空间效果表现图

街道绿化快题设计

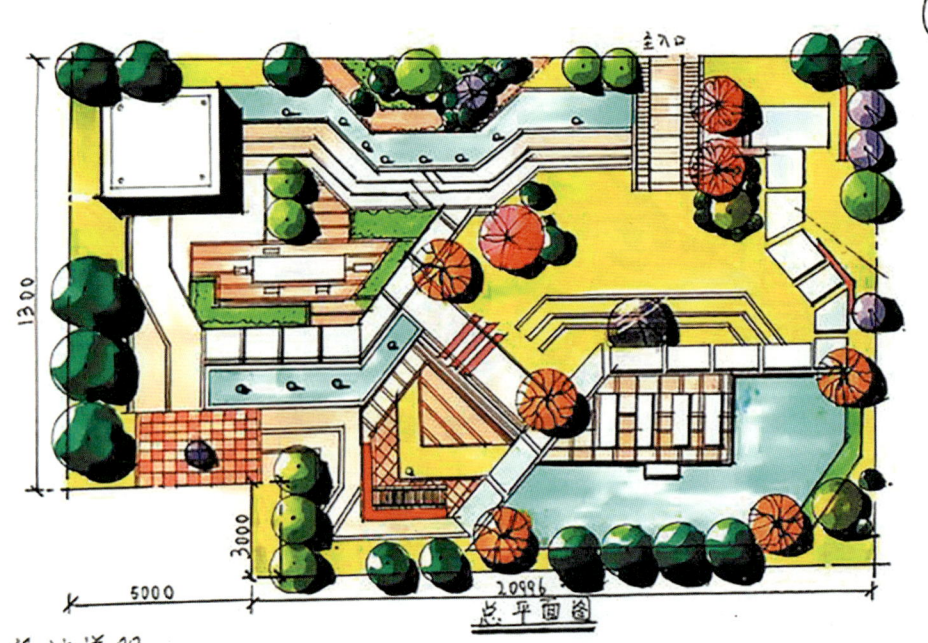
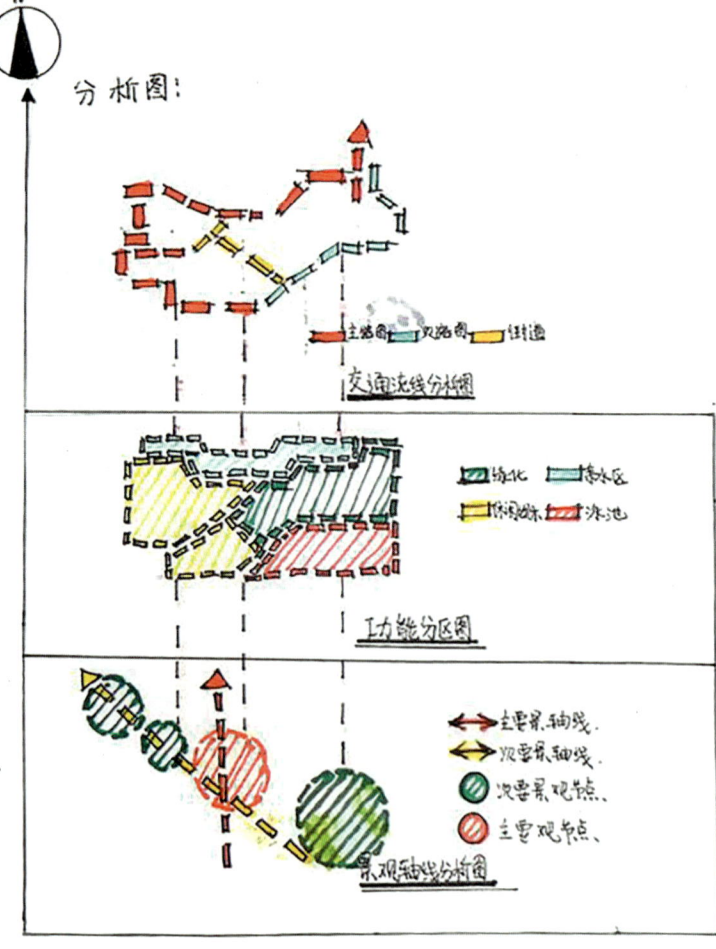

图 4.18 街道绿化快题设计方案图(一)

图 4.19 街道绿化快题设计方案图(二)

图 4.20　街道绿化快题设计方案重点景观节点效果表现图

图 4.21 街道绿化快题设计过程图

— 87 —

图 4.22　公园景观快题设计方案景观节点效果表现图

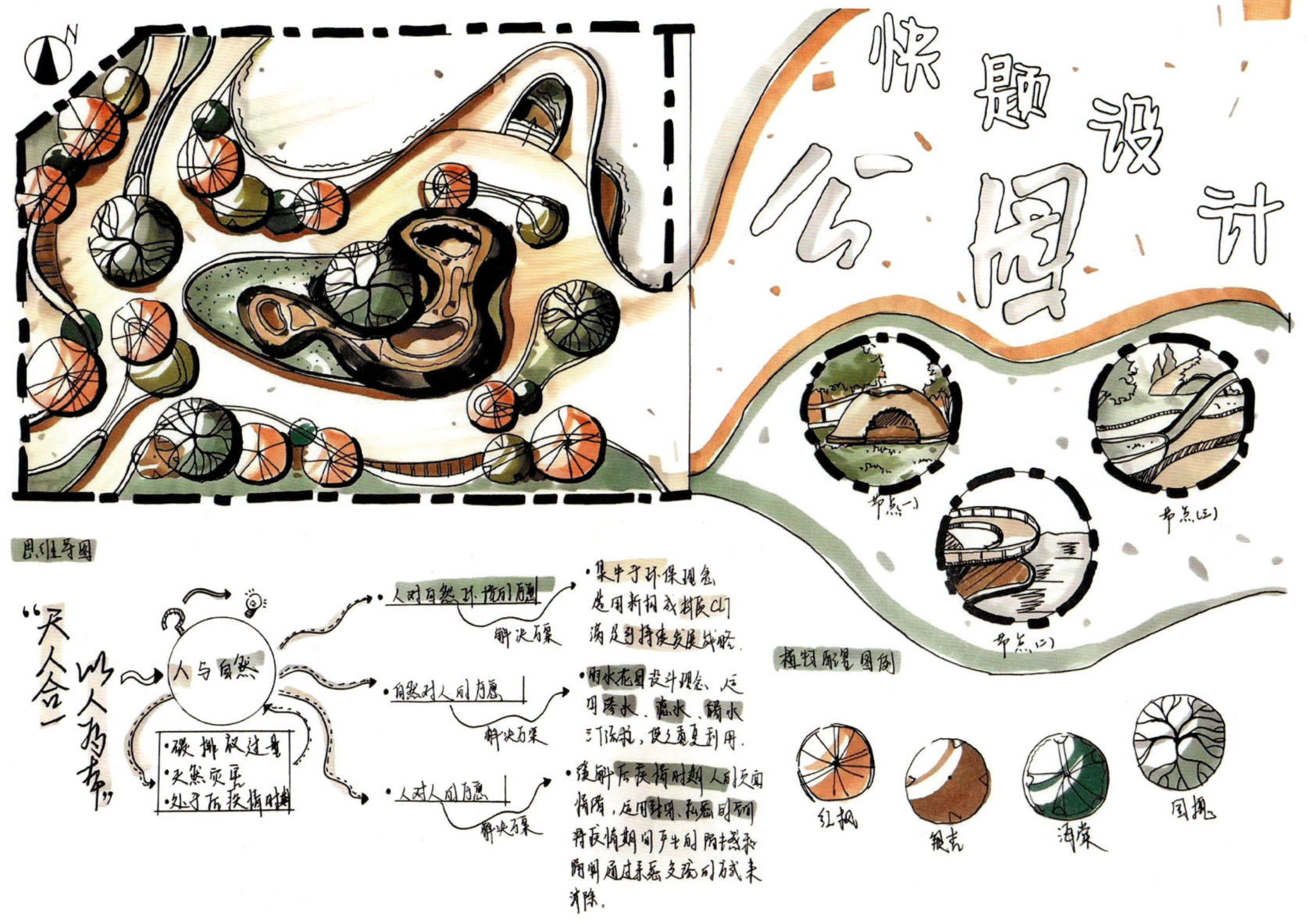

图 4.23 公园景观快题设计方案图(一)

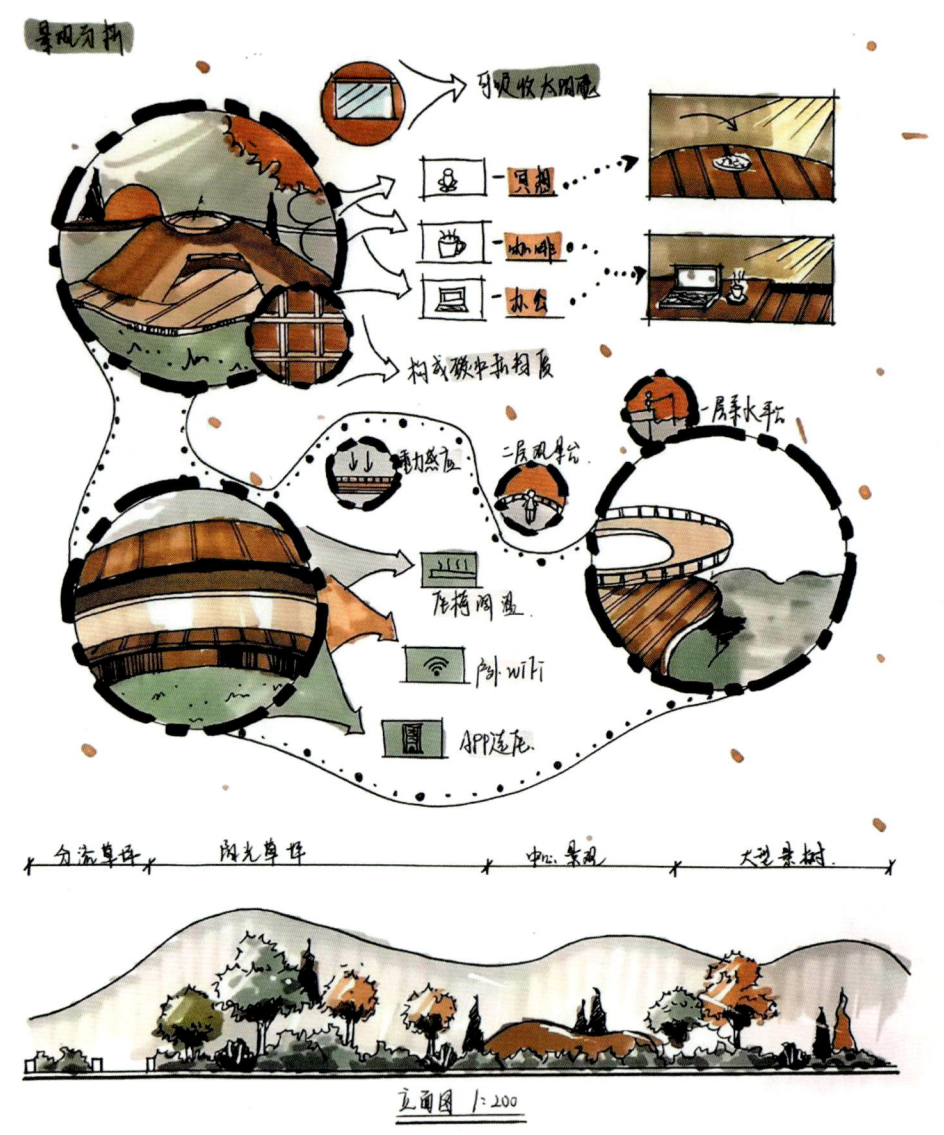

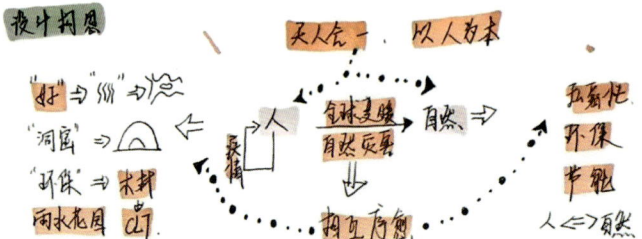

图4.24 公园景观快题设计方案图（二）

第4章 快题设计创作表现

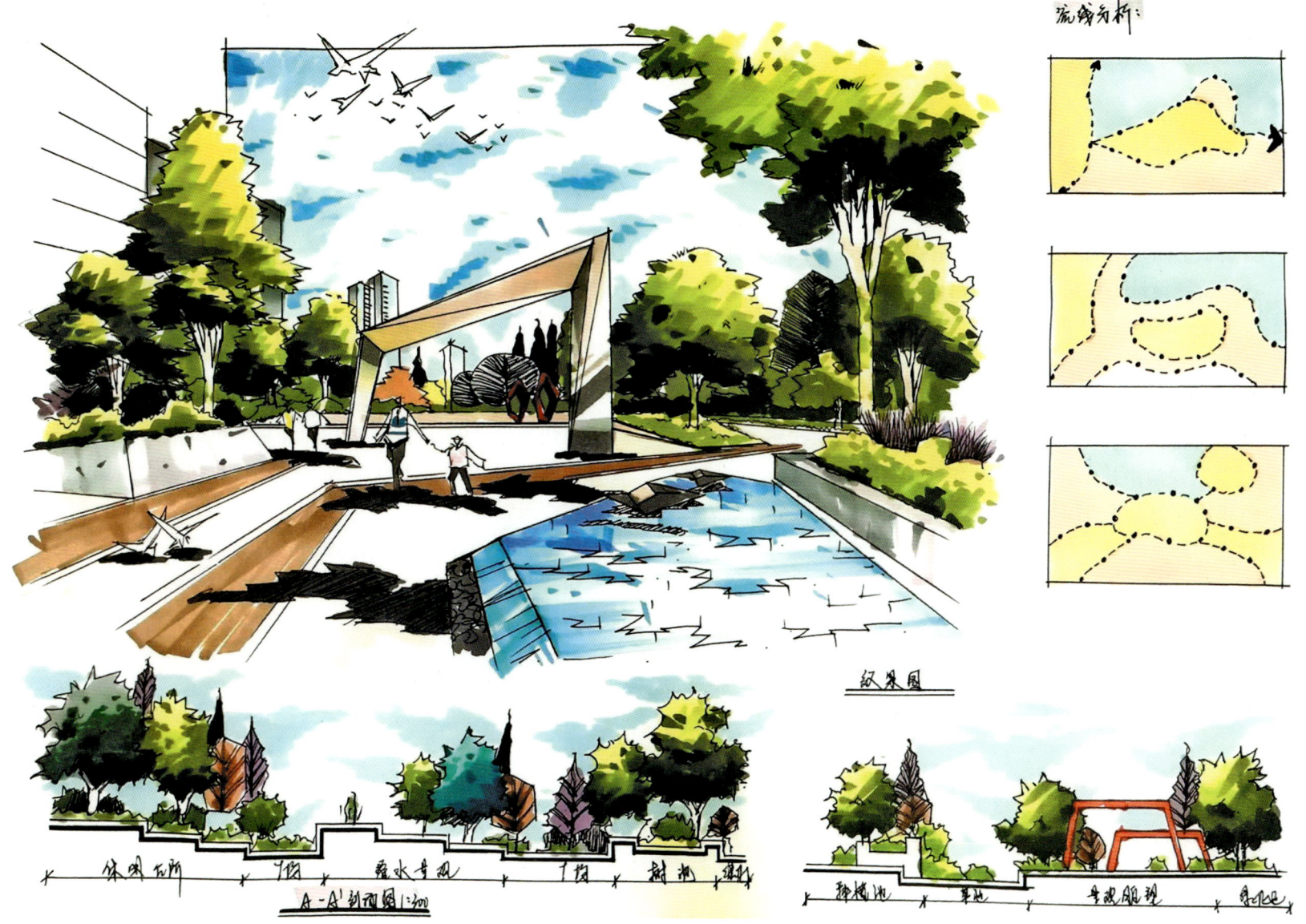

图 4.25 广场景观快题设计方案图

4.3 快题设计表达

4.3.1 室内快题设计表达的主要内容

4.3.1.1 整体布局与规划

（1）平面布置图：展示室内空间的整体布局，包括家具、设备、门窗等的摆放位置和尺寸标注。这是快题设计的基础，为后续设计提供框架。

（2）夹层平面图：针对多层室内空间，展示各层的平面布局和连接关系。

4.3.1.2 细节表达

（1）立面图：展示室内空间的立面效果，包括墙面、门窗、隔断等的材质、颜色和造型等细节。立面图能够直观地展示室内空间的立体感和层次感。

（2）效果图：通过绘制或渲染技术，展示室内空间的最终视觉效果，包括光影效果、材质质感、色彩搭配等。效果图是快题设计中至关重要的部分，能够直观地传达设计师的创意和理念。

4.3.1.3 重点部位优化方案

针对室内空间中的重点部位，如客厅、卧室、厨房、卫生间等，提出具体的优化方案。这些方案应关注空间的功能性、舒适性和美观性等方面，以满足客户的需求和期望。

4.3.1.4 大样图中的平、立、剖面图

对于室内空间中的关键部位或节点，绘制大样图以展示其详细的结构和构造方式。大样图通常包括平面图、立面图和剖面图，能够清晰地表达节点的尺寸、材料和连接方式等信息。

4.3.1.5 色彩与材质表达

（1）色彩方案：根据室内空间的功能和风格，制定合适的色彩方案。色彩方案应关注色彩的搭配、明度和纯度等方面的处理，以营造舒适、和谐的室内环境。

（2）材质选择：根据室内空间的功能和风格，选择合适的材质进行装饰和装修。材质选择应考虑其质感、耐用性和环保性等方面的因素。

4.3.1.6 设计说明与标注

在快题设计中，设计说明和标注是不可或缺的部分。设计说明应简要介绍设计方案的构思、特点和优势等方面；标注则应对图纸中的关键尺寸、材料和施工要求等进行详细说明。

综上所述，室内快题设计表达的内容涵盖了整体布局与规划、细节表达、重点部位优化方案、大样图中的平立剖面图、色彩与材质表达以及设计说明与标注等方面。这些内容相互关联、相互补充，共同构成了完整的室内快题设计方案，如图4.26至图4.30所示。

图 4.26 居住空间室内快题设计方案图（一）

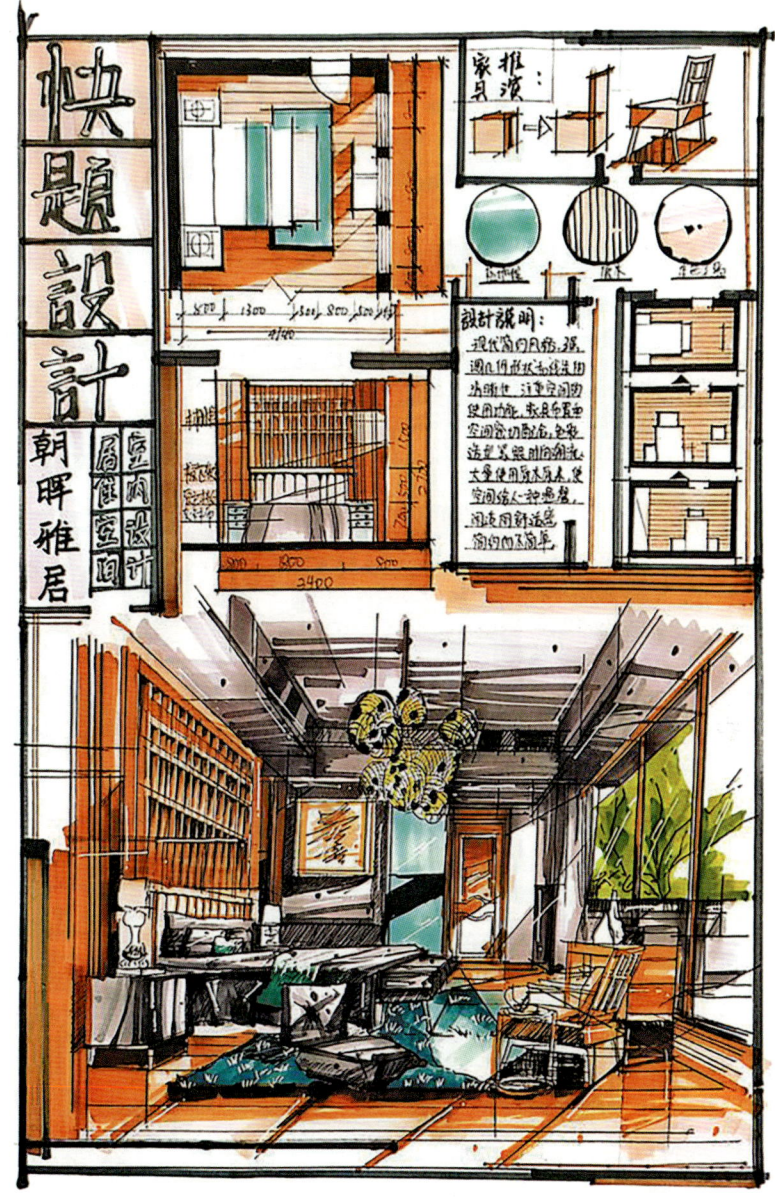

图 4.27 居住空间室内快题设计方案图（二）

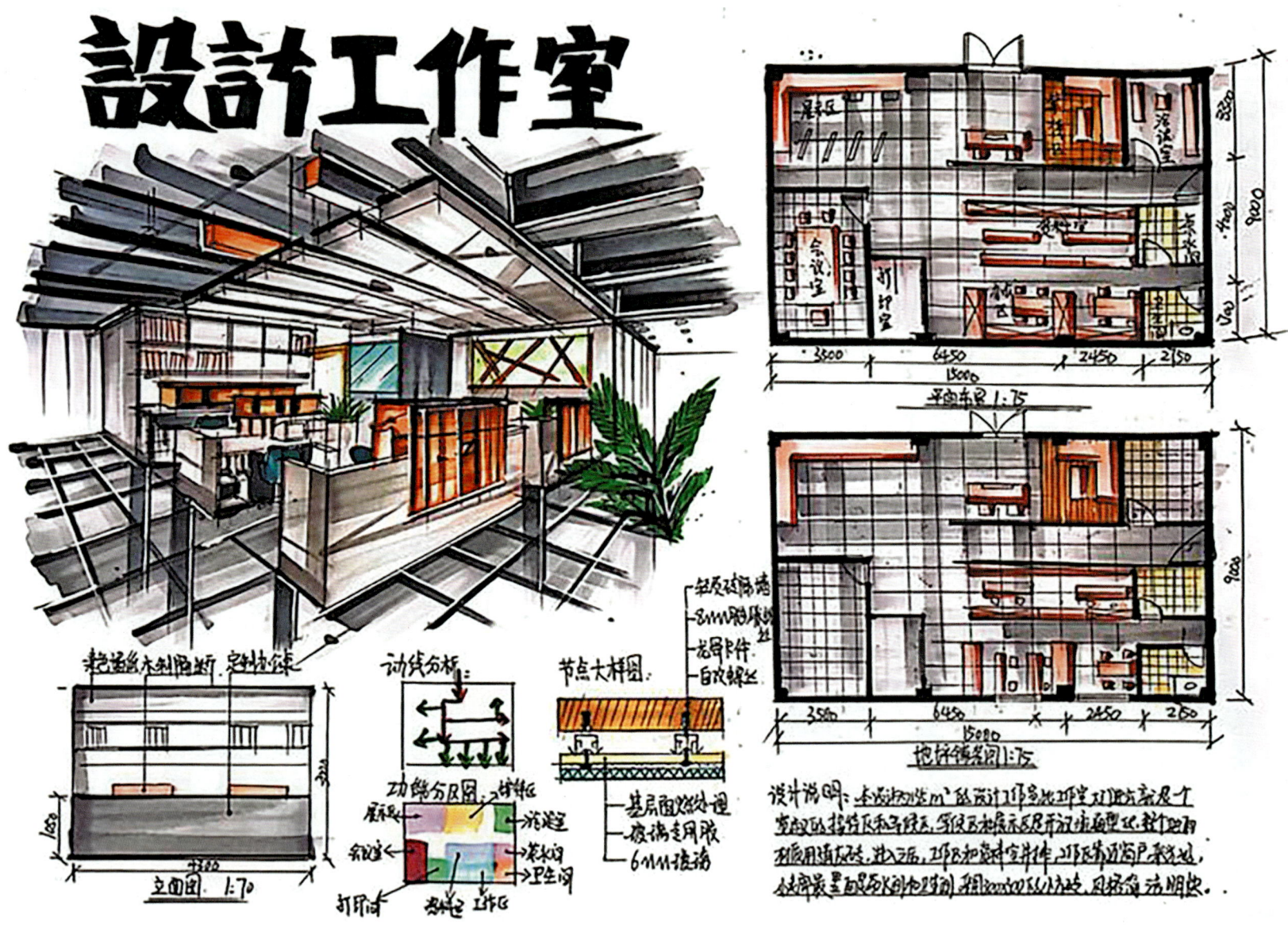

图 4.28　设计工作室室内快题设计方案图(一)

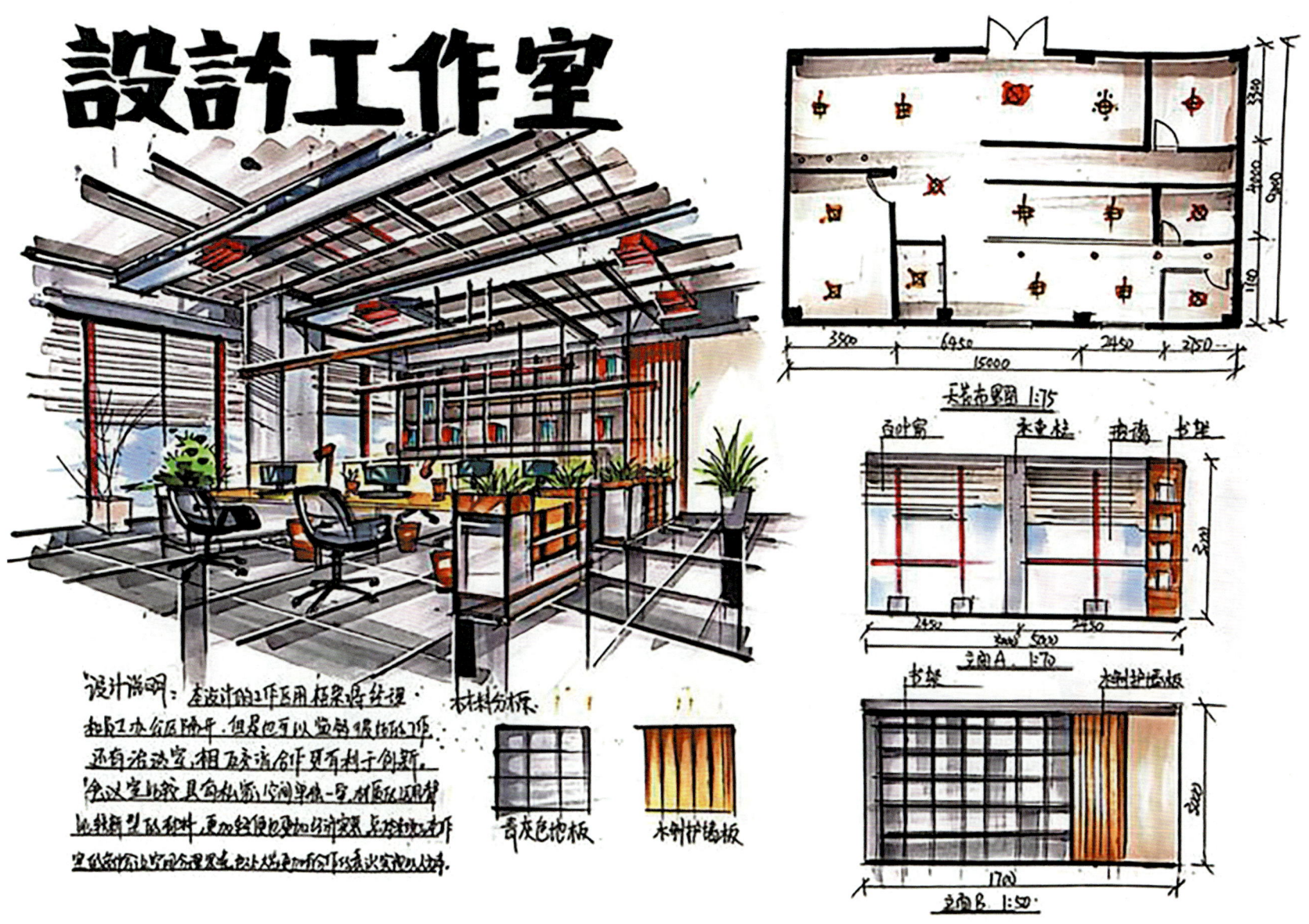

图 4.29　设计工作室室内快题设计方案图（二）

图 4.30 咖啡店室内快题设计方案图

4.3.2 景观快题设计表达的主要内容

4.3.2.1 总平面图表达

（1）设计元素：详细标示出场地上各种不同元素的位置及大小，如道路、山石、水体、地形、墙、植物、建筑物、构筑物等。

（2）空间关系：平面图反映设计中的空间关系、交通关系以及植被、水体、地形的布局。

（3）构图与比例：注重比例和尺度，以清晰的构图展现设计全貌。

4.3.2.2 景观透视效果图

（1）透视选择：通常使用一点或两点透视法来绘制，以展现景观的三维效果。

（2）色彩与材质：通过色彩和材质的表现，体现设计意图和风格。

（3）绘制标准：图纸内容应逻辑清晰、图底分明、构图匀称、绘制精细、用色得体，且表达到位、关系明晰、环境处理得体。

4.3.2.3 设计说明

（1）设计思路及主题：阐述设计的核心思路和主题，使读者能够快速理解设计目标。

（2）功能布局：详细说明各个功能区的划分和布局，以及它们之间的相互关系。

（3）交通流线：解释交通流线的设计，确保人流和车流的顺畅。

（4）景观分析：对景观设计中的关键元素进行分析，如植被、水体、地形等。

4.3.2.4 其他辅助图纸

（1）功能分区图：明确展示场地内部各功能区的划分。

（2）交通分析图：通过不同的线条和符号区分不同等级的道路，展示交通流线。

（3）节点分析图：详细分析主要节点和次节点的设计，展示节点的特色和功能。

4.3.2.5 排版与呈现

（1）排版布局：合理的排版布局能够提升图纸的整体效果，使信息更加清晰易读。

（2）标题与标注：标题应醒目且与内容相关，标注应准确且易于理解。

（3）色彩搭配：整体色彩搭配应和谐统一，符合设计风格和主题。

4.3.2.6 手绘技巧与上色步骤

（1）手绘技巧：掌握基本的手绘技巧，如线条的粗细、阴影的处理等，能够提升图纸的表现力。

（2）上色步骤：先确定光源方向，然后按照从底层到上层的顺序进行上色，注意色彩的搭配和过渡。

综上所述，景观快题设计表达需要综合考虑多个方面的内容，包括总平面图、景观透视效果图、设计说明、其他辅助图、排版与呈现效果以及手绘技巧与上色步骤等。通过细致入微的表达和呈现，能够充分展现设计师的创意和才华，如图4.31至图4.49所示。

思考题

思考题一

如何将快题设计的思路精准地转化为分析图？

思考题二

在快题设计中，如何平衡视觉效果与运营成本？

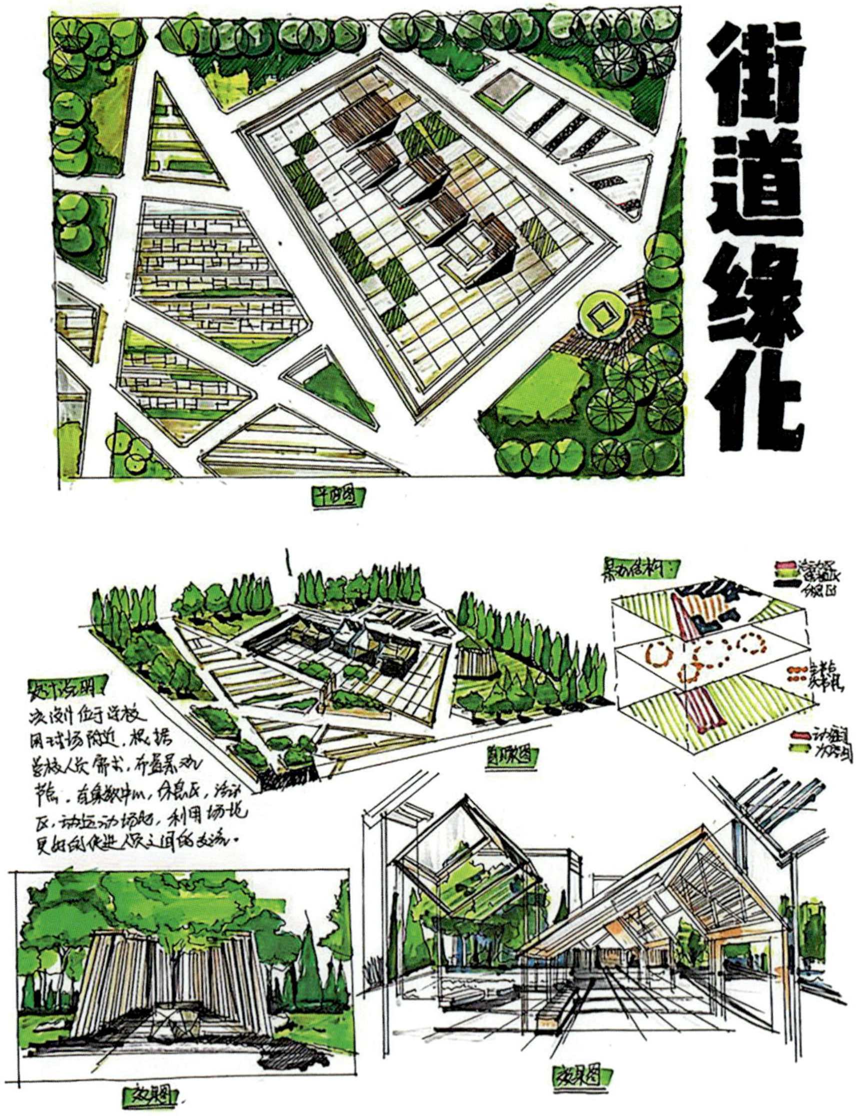

图 4.31 街道绿化景观快题设计方案图（一）

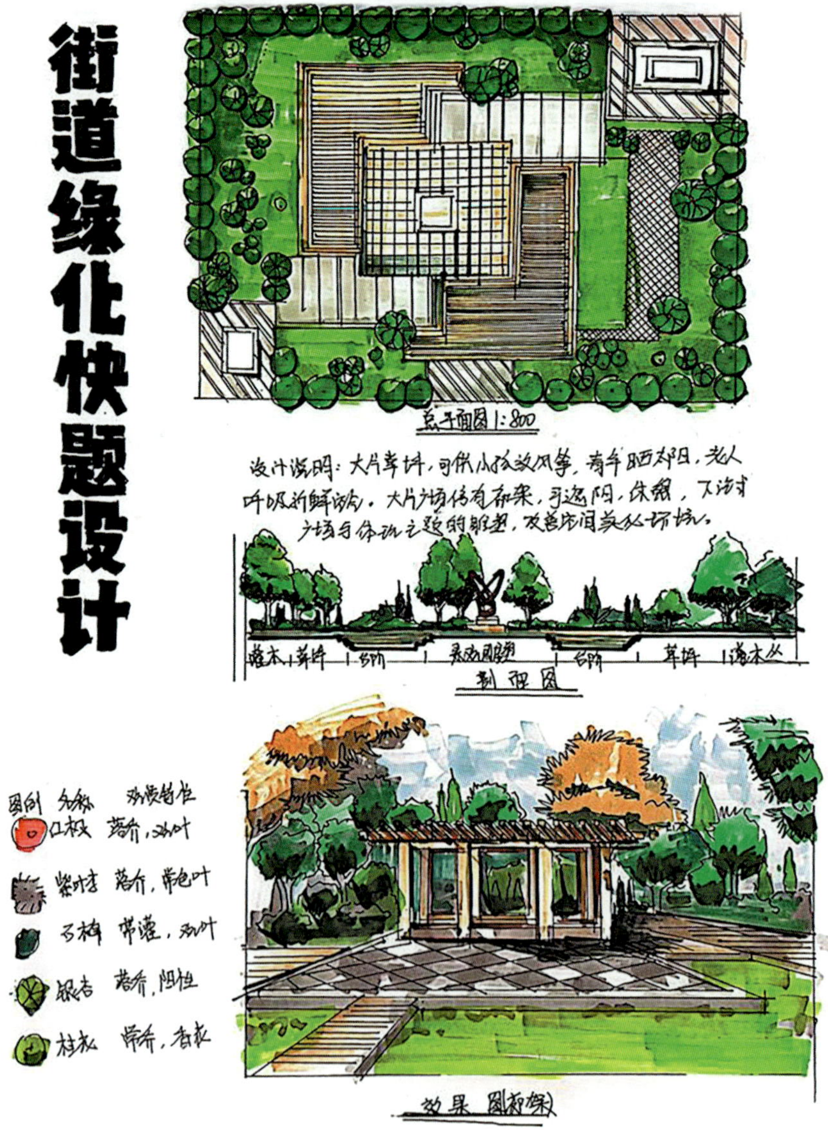

图 4.32 街道绿化景观快题设计方案图（二）

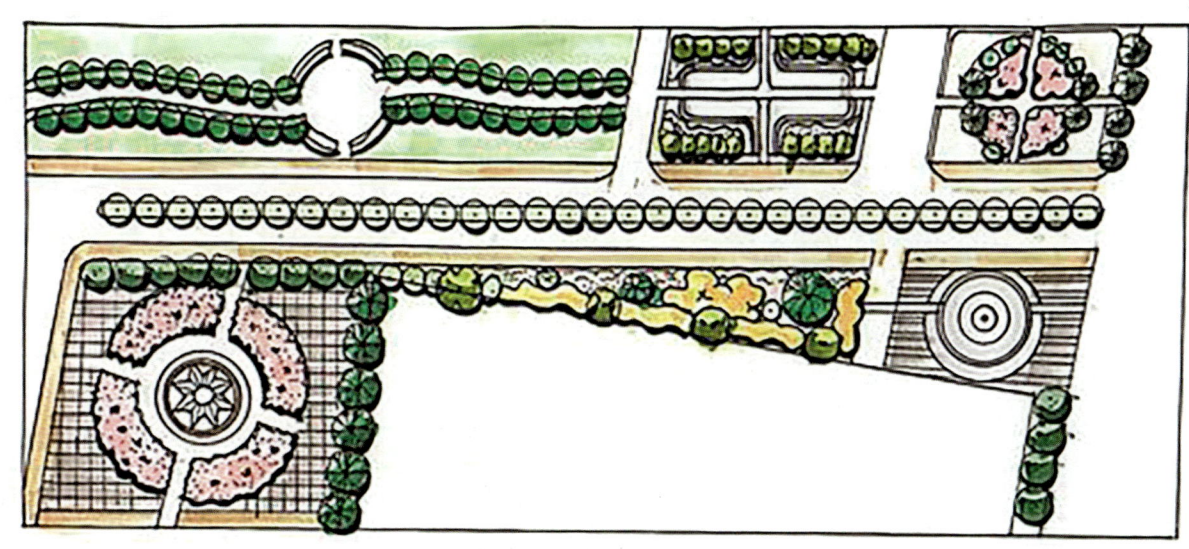

图 4.33 街道绿化景观快题设计方案图（一）

快题设计思维解析与创作表现

图 4.34 街道绿化景观快题设计方案图(二)

— 100 —

图 4.35 居住区景观快题设计重点空间表现效果图(一)

图 4.36 居住区景观快题设计重点空间效果表现图(二)

第4章 快题设计创作表现

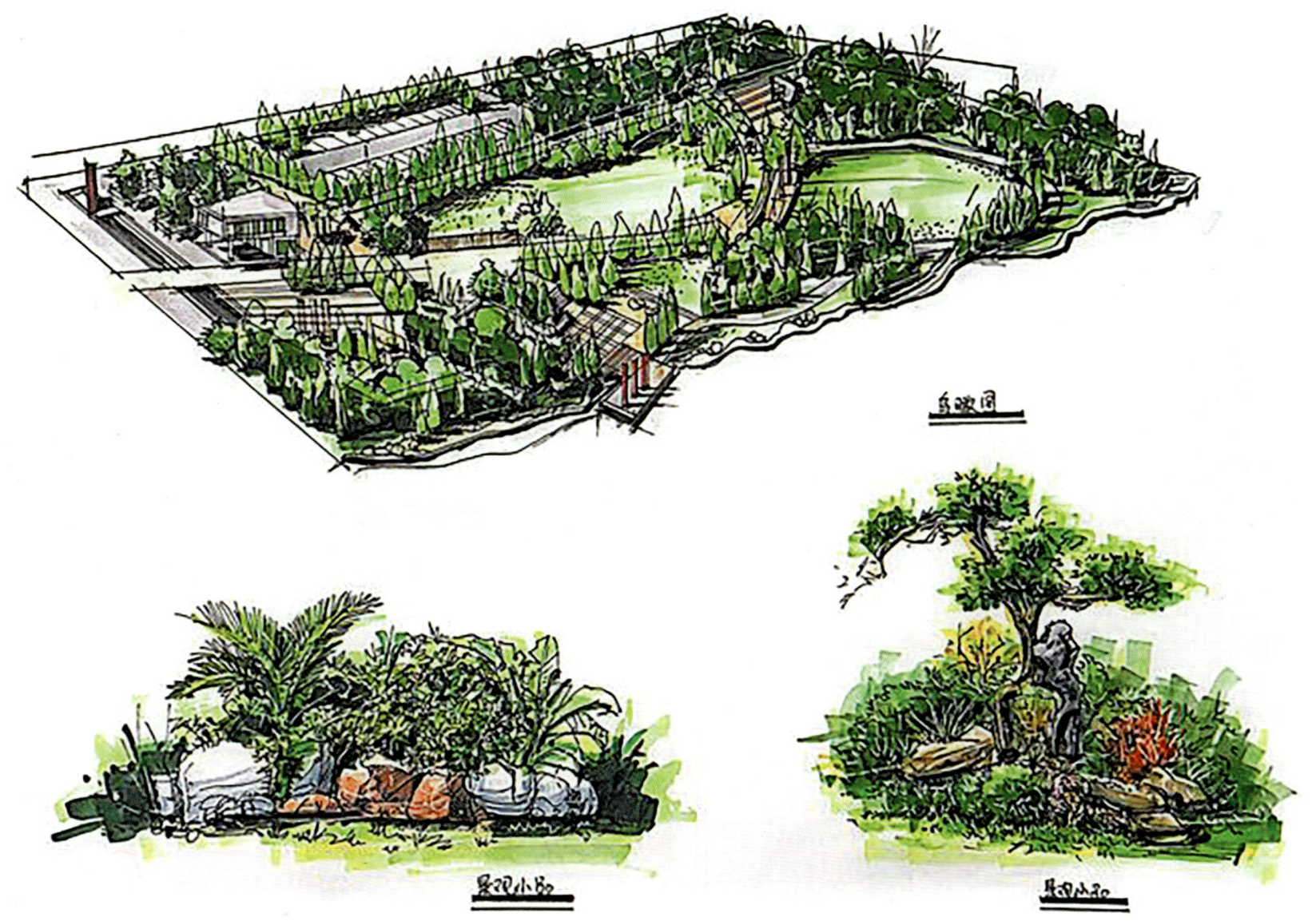

图 4.37 公园景观快题设计鸟瞰图与小品表现效果图

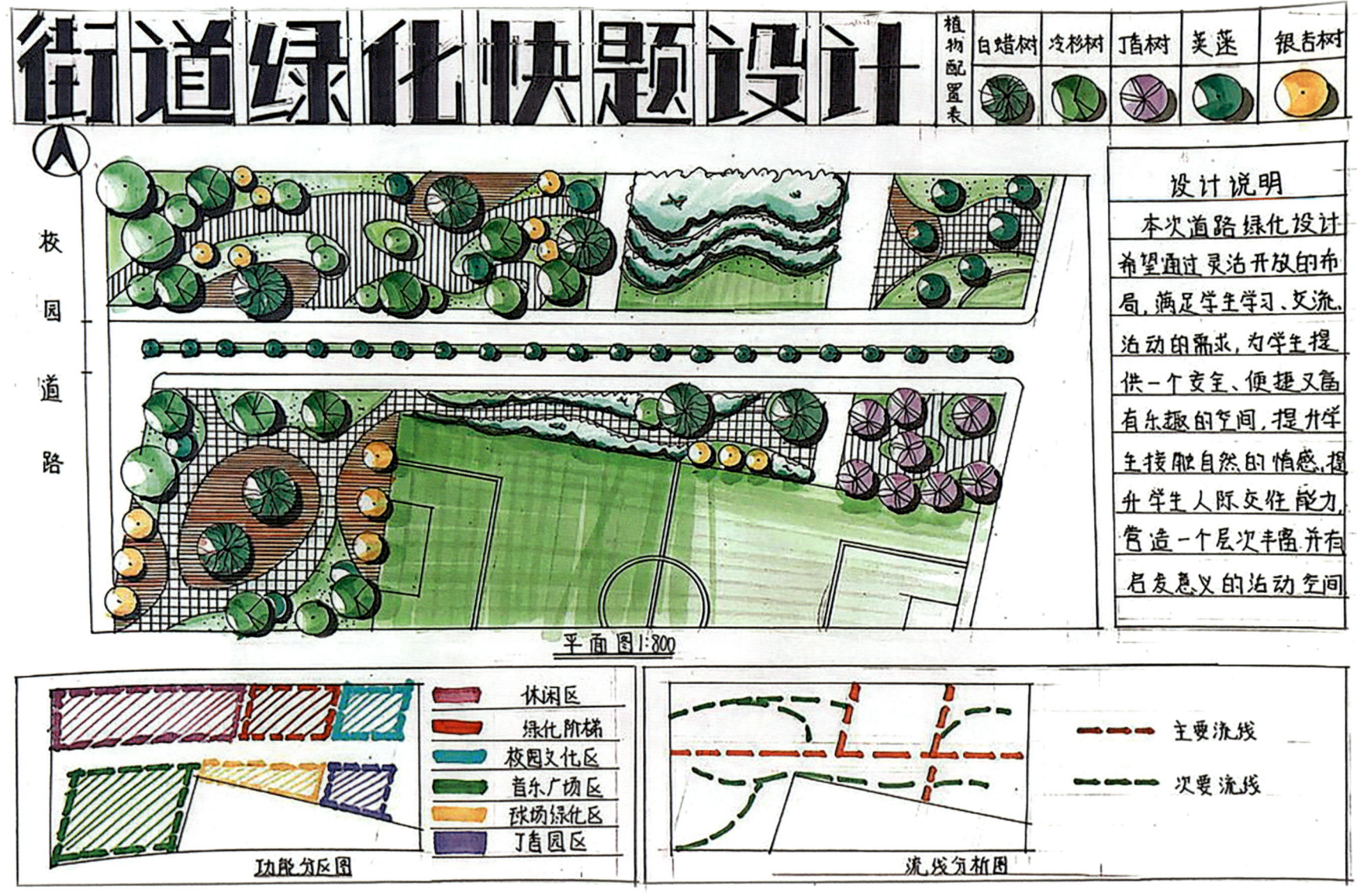

图 4.38 街道绿化快题设计方案局部表现图(一)

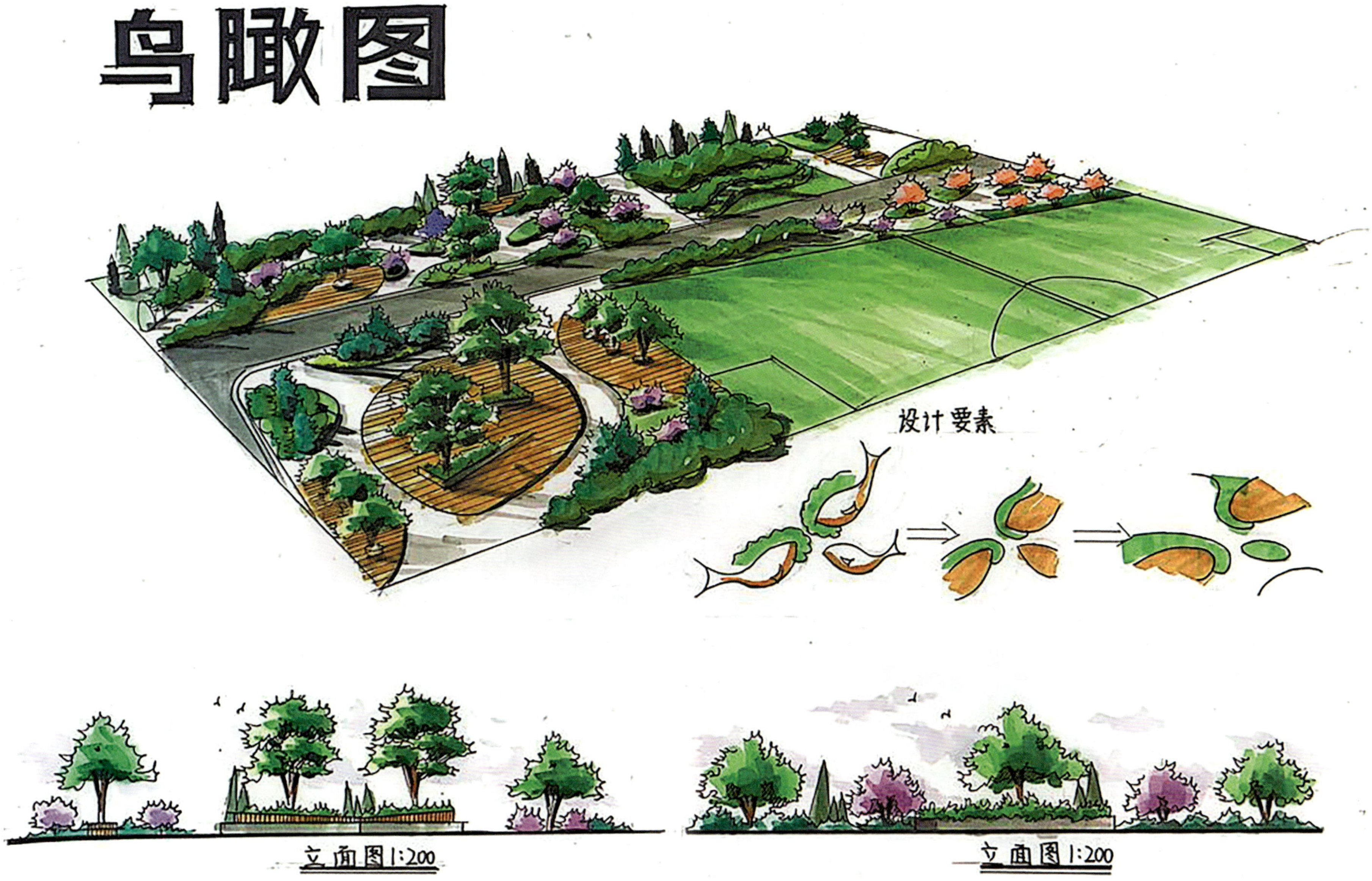

鸟瞰图

设计要素

立面图 1:200

立面图 1:200

图4.39 街道绿化快题设计方案局部表现图(二)

图4.40 居住区景观快题设计方案局部表现图（三）

图 4.41 景观快题设计节点效果图(一)

图4.42 景观快题设计节点效果图(二)

图 4.43 景观快题设计节点效果图（三）

快题设计思维解析与创作表现

图 4.44　景观快题设计节点效果图（四）

图 4.45 广场景观快题设计局部表现图(一)

图 4.46 广场景观快题设计局部表现图(二)

图 4.47　广场景观快题设计局部表现图(三)

鸟瞰图

图 4.48　广场景观快题设计鸟瞰图（一）

图 4.49 广场景观快题设计鸟瞰图(二)

第5章 快题设计教学案例

5.1 室内快题设计案例评析

5.1.1 居住空间室内快题设计评析

5.1.1.1 设计理念与空间氛围

居住空间室内设计的首要任务是明确设计理念,并营造出符合居住者需求和品位的空间氛围。设计理念应体现居住者的生活方式、审美偏好以及对舒适性和实用性的追求。空间氛围的营造则通过色彩、材质、光线等元素的综合运用来实现,确保整体风格的一致性和和谐性。

5.1.1.2 功能布局与动线规划

(1)功能布局。居住空间的功能布局应合理划分不同区域,如起居区、休息区、餐饮区、储物区等。每个区域都应满足其特定的功能需求,同时保持与其他区域的协调与统一。在布局时,要充分考虑居住者的生活习惯和流线,确保空间的便捷性和舒适性。

(2)动线规划。动线规划是居住空间设计中至关重要的一环。合理的动线规划能够减少居住者的行动障碍,提高空间的使用效率。在规划时,要充分考虑居住者的行动路线和习惯,避免交叉干扰和浪费空间。

5.1.1.3 设计元素与材质选择

(1)设计元素。设计元素的选择应体现居住者的审美偏好和风格。这包括色彩、线条、图案等视觉元素,以及家具、灯具、装饰品等实体元素。这些元素应相互协调,共同营造出温馨、舒适、有格调的居住空间。

(2)材质选择。材质选择应注重环保、耐用和美观。环保材质可以减少对环境的污染,保障居住者的健康水平;耐用材质可以延长家具和装饰品的使用寿命,减少更换频率;美观材质则可以提升居住空间的品质感和舒适度。

5.1.1.4 人性化设计与细节处理

(1)人性化设计。人性化设计是居住空间设计中不可或缺的一环。合理安排家具尺寸、高度、角度等,可以确保居住者的使用舒适性和便捷性。同时,还要充分考虑居住者的特殊需求,如老年人、儿童、残疾人等,为他们提供便利和关怀。

(2)细节处理。细节处理是提升居住空间品质的关键。从门窗开关的便利性、插座的布局、灯光的照度到储物空间的规划等,都需要设计师精心考虑和细致处理。这些细节的处理不仅能够提升居住者的生活品质,还能体现设计师的专业素养和审美水平。

5.1.1.5 创新与可持续性

(1)创新设计。创新设计是居住空间设计中提升竞争力的关键。引入新的设计理念、技术和材料,可以打破传统模式的束缚,创造出具有独特魅力和现代感的居住空间,如图5.1至图5.4所示。

(2)可持续性。可持续性是现代居住空间设计中越来越重要的考虑因素。通过采用节能、节水、减排等措施,可以减少对环境的影响,同时提高居住空间的能效和舒适度。例如,使用节能灯具、安装太阳能热水器、采用环保建材等都是实现可持续性的有效手段。

综上所述,居住空间室内快题设计需要综合考虑多个方面,包括设计理念、功能布局、设计元素、人性化设计、创新性和可持续性等。通过合理的规划和设计,打造出既满足居住者需求又体现个性和品位的居住空间。同时,设计师应关注细节处理和创新设计,以提升居住空间的整体品质和使用价值。

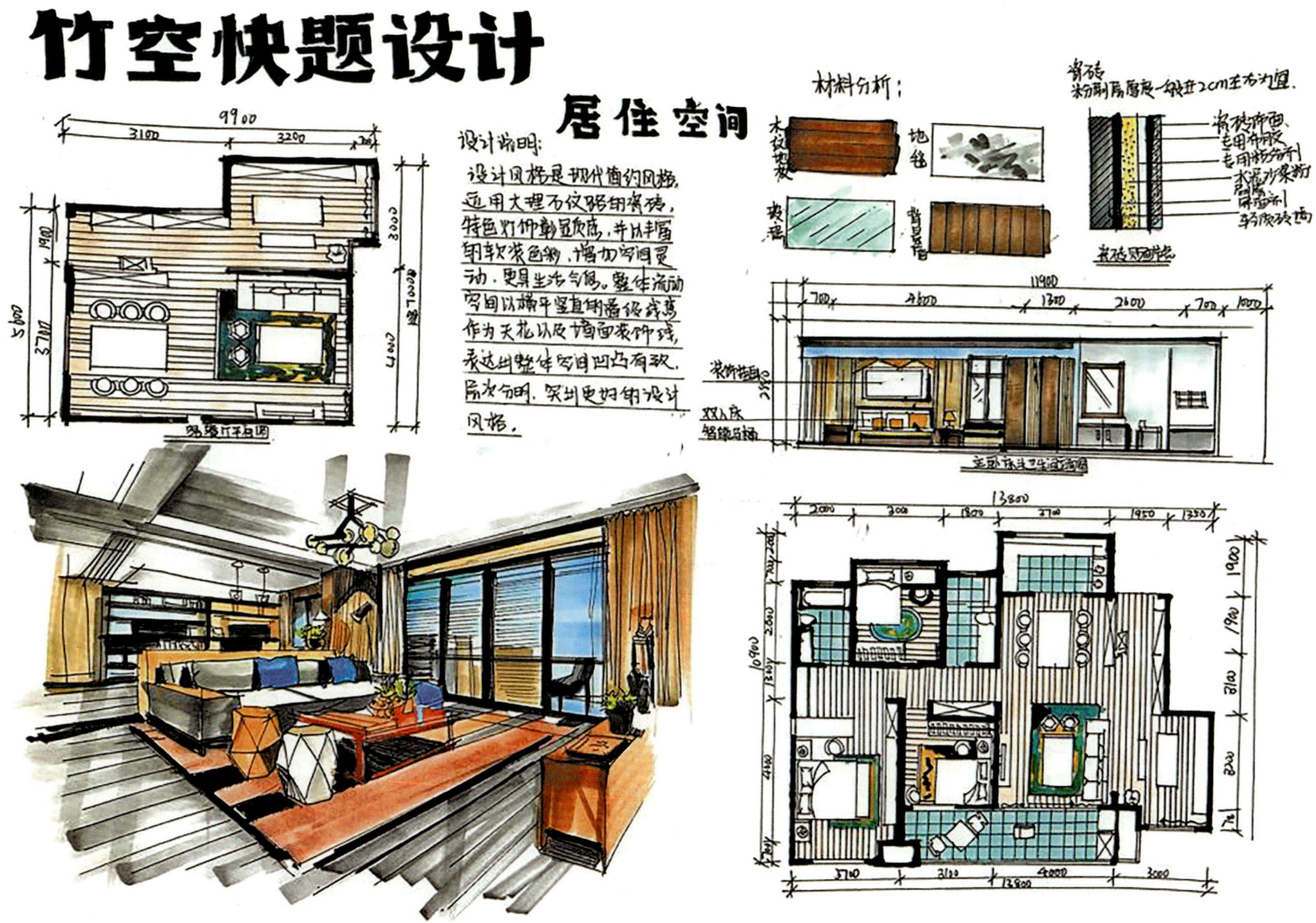

图 5.1 居住空间室内快题设计方案图(一)

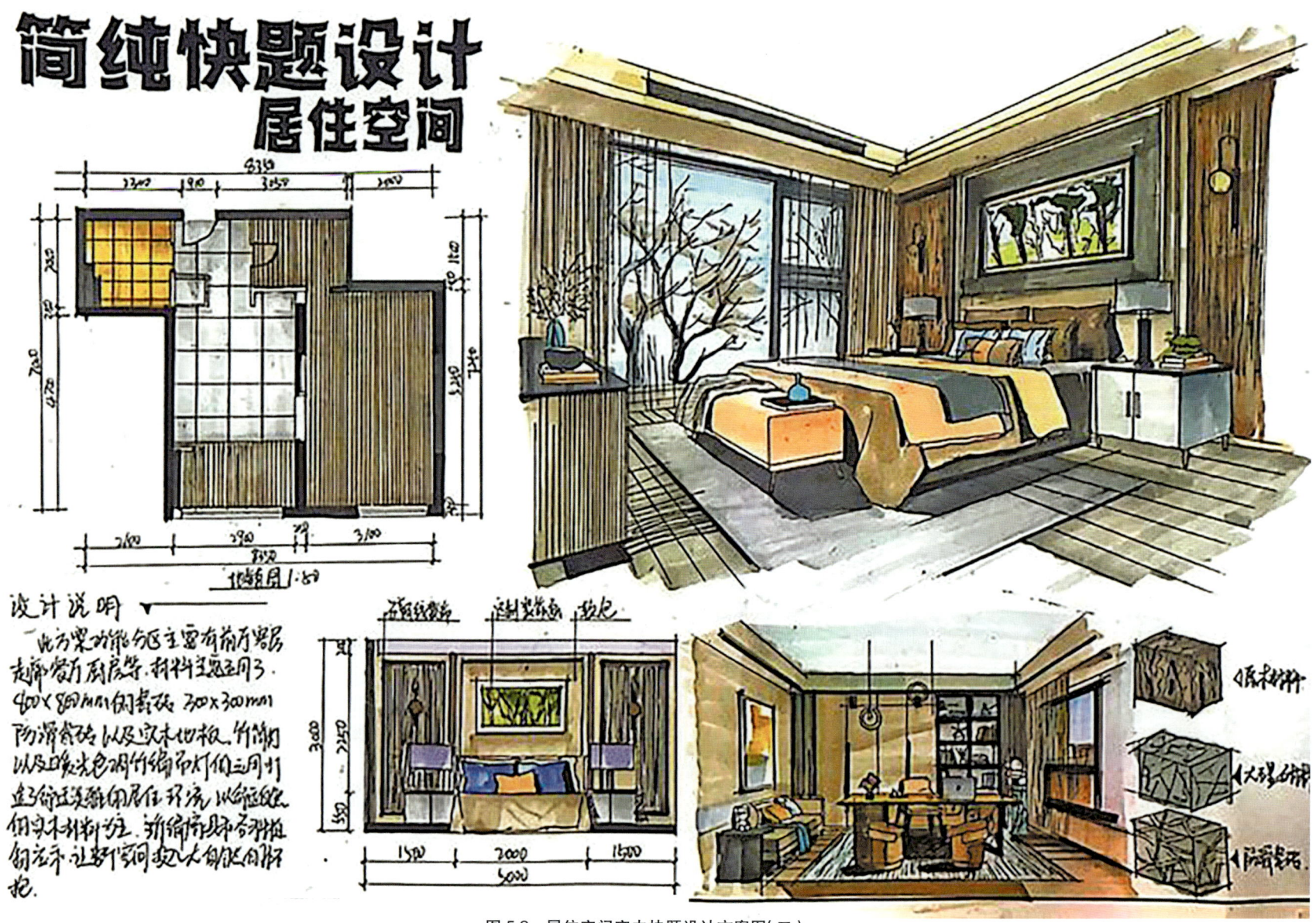

图 5.2 居住空间室内快题设计方案图（二）

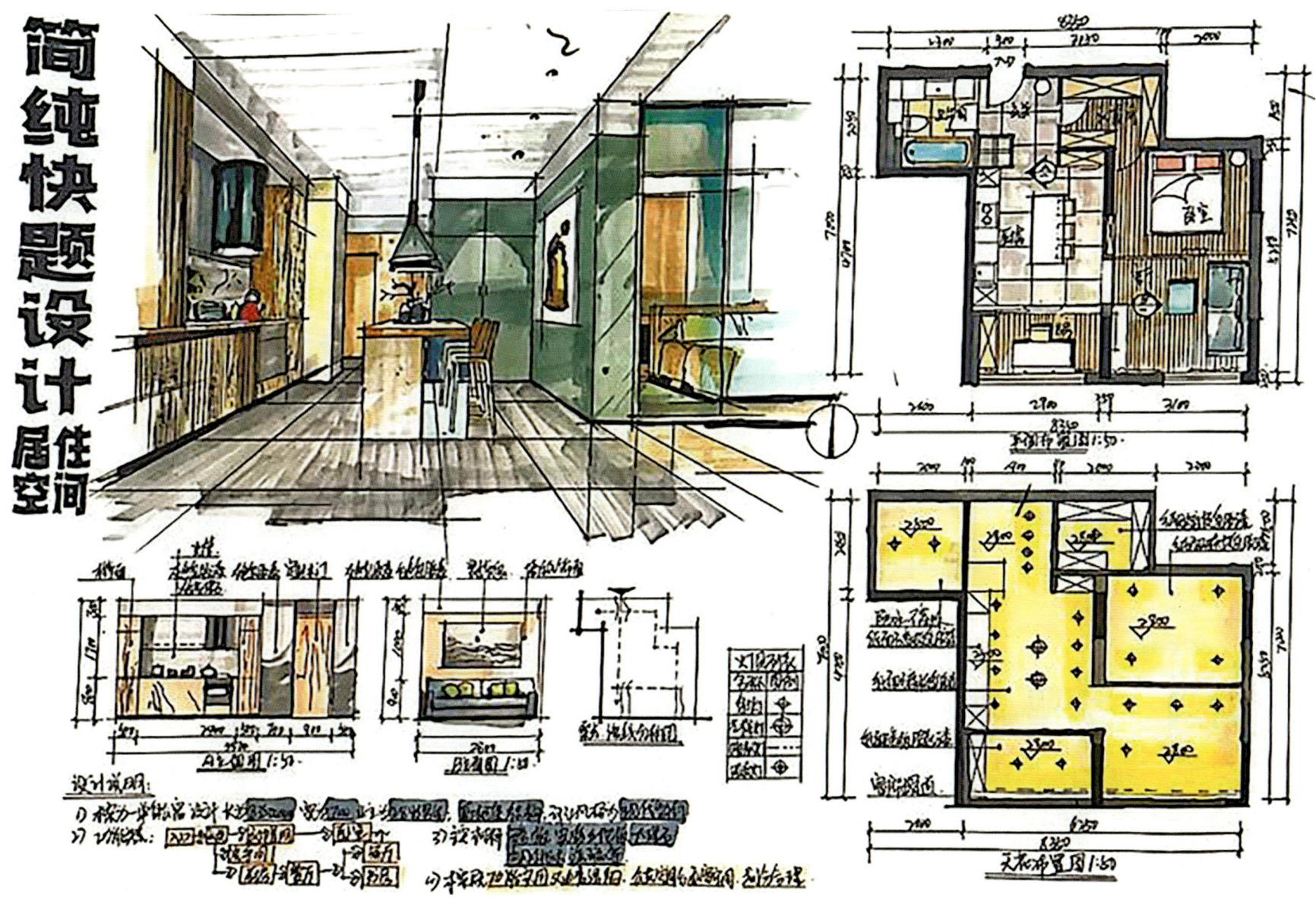

图 5.3　居住空间室内快题设计方案图(三)

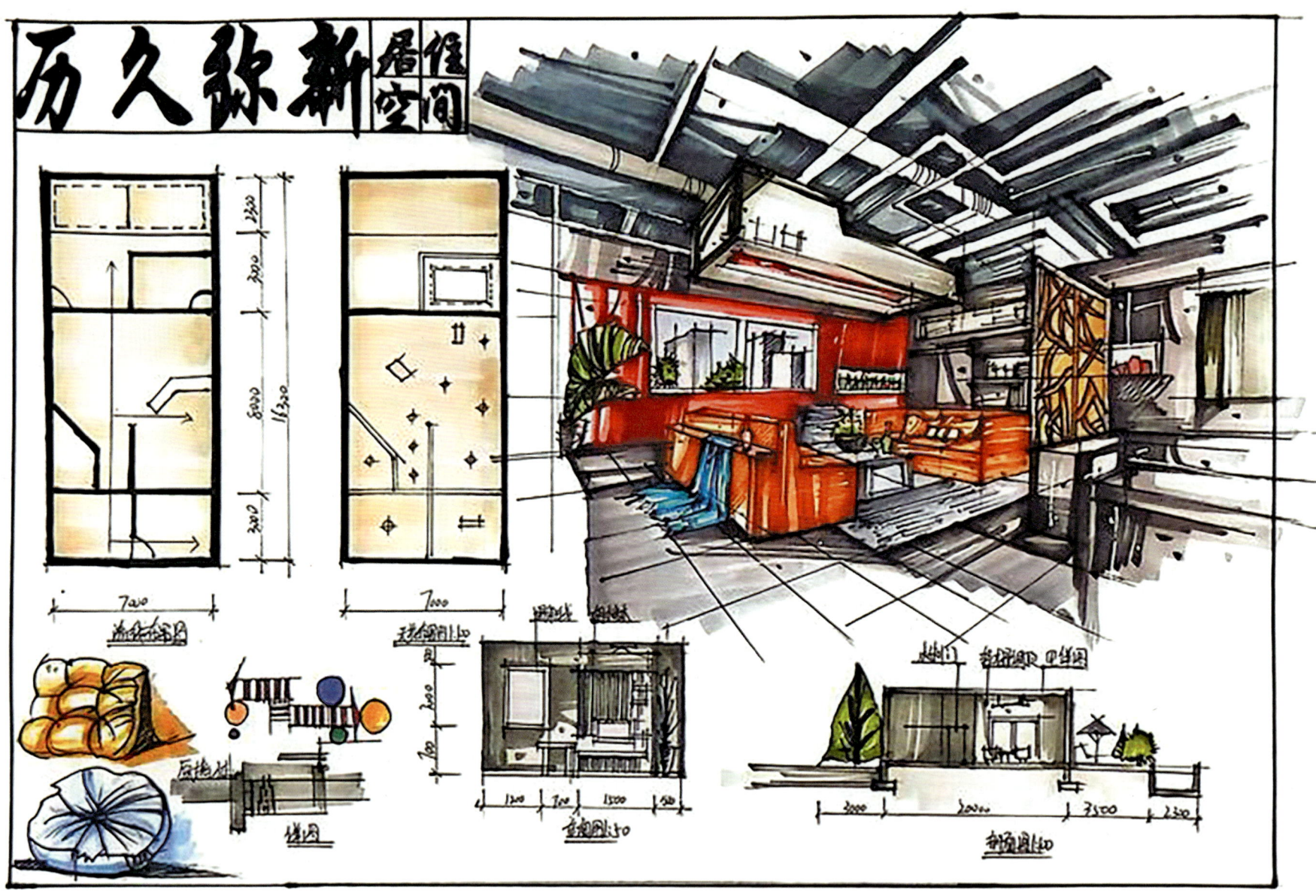

图 5.4　居住空间室内快题设计方案图(四)

5.1.2 公共空间室内快题设计评析

5.1.2.1 设计概述

公共空间快题设计需要考虑到空间的功能性、舒适性、美观性以及文化性等多方面因素。一个成功的公共空间设计应满足不同人群的需求,同时体现城市或地区的特色。

5.1.2.2 设计原则评析

(1)功能性。公共空间的设计首先要考虑其功能性,包括空间布局、交通流线、设施配置等。设计应确保空间的高效利用,方便人们的日常活动。

(2)空间布局。合理的空间布局能够优化空间使用效率,满足不同功能需求。例如,休闲区、娱乐区、活动区等应明确划分,但又相互融合。

(3)交通流线。清晰的交通流线能够确保人们快速、便捷地到达目的地。同时,应考虑到无障碍设计,确保所有人群都能方便地使用公共空间。

(4)舒适性。公共空间的设计应关注人们的舒适感受,包括光照、通风、温度等环境因素。

(5)光照与通风。良好的光照和通风条件能够改善空间环境,提高人们的舒适感。设计师应充分考虑自然光和自然风的作用,营造宜人的空间氛围。

(6)温度调节。在公共空间设计中,温度调节也是一个重要的考虑因素。设计师应选择合适的材料和设备,确保空间温度适宜,避免过冷或过热。

(7)美观性。公共空间的设计应具有美观性,包括色彩搭配、材料选择、装饰元素等。

(8)色彩搭配。色彩搭配应和谐统一,既符合空间的整体风格,又能突出重点。设计师应善于运用色彩心理学原理,营造出舒适、愉悦的空间氛围。

(9)材料选择。材料选择应考虑到环保、耐用、美观等多方面因素。设计师应选用环保、可持续的材料,同时注重材料的质感和触感,提高空间的品质感。

(10)装饰元素。装饰元素能够丰富空间的表现力,提升空间的美观性。设计师应选择合适的装饰元素,如壁画、雕塑、悬挂艺术品等,增加空间的艺术气息。

(11)文化性。公共空间的设计应体现所在城市或地区的文化特色,传承和弘扬文化精神。

(12)文化传承。设计师应深入挖掘当地的文化内涵,将传统文化元素融入设计中,如建筑风格、景观元素、装饰细节等。

(13)文化展示。公共空间也可以作为文化展示的平台,通过展览、演出等活动展示当地的文化特色和历史底蕴。

5.1.2.3 设计实施评析

(1)创新性。公共空间的设计应具有创新性,能够吸引人们的关注和兴趣。设计师应敢于尝试新的设计理念和手法,打破传统模式的束缚,创造出具有独特魅力的公共空间。

(2)可持续性。在公共空间设计中,可持续性是一个重要的考虑因素。设计师应关注环保、节能等方面的问题,采用可持续的设计策略和技术手段,减少对环境的影响。

(3)安全性。公共空间的安全性至关重要。设计师应充分考虑安全因素,如防火、防滑、防盗等,确保人们在使用空间时的安全。

综上所述,公共空间快题设计需要综合考虑功能性、舒适性、美观性和文化性等多方面因素。一个成功的公共空间设计应满足人们的需求,同时体现城市或地区的特色和文化精神,如图5.5至图5.12所示。

图 5.5 售楼处室内快题设计方案墨线图

图 5.6 售楼处室内快题设计方案上色图

图 5.7 图书馆室内快题设计方案墨线图

图 5.8　图书馆室内快题设计方案上色图

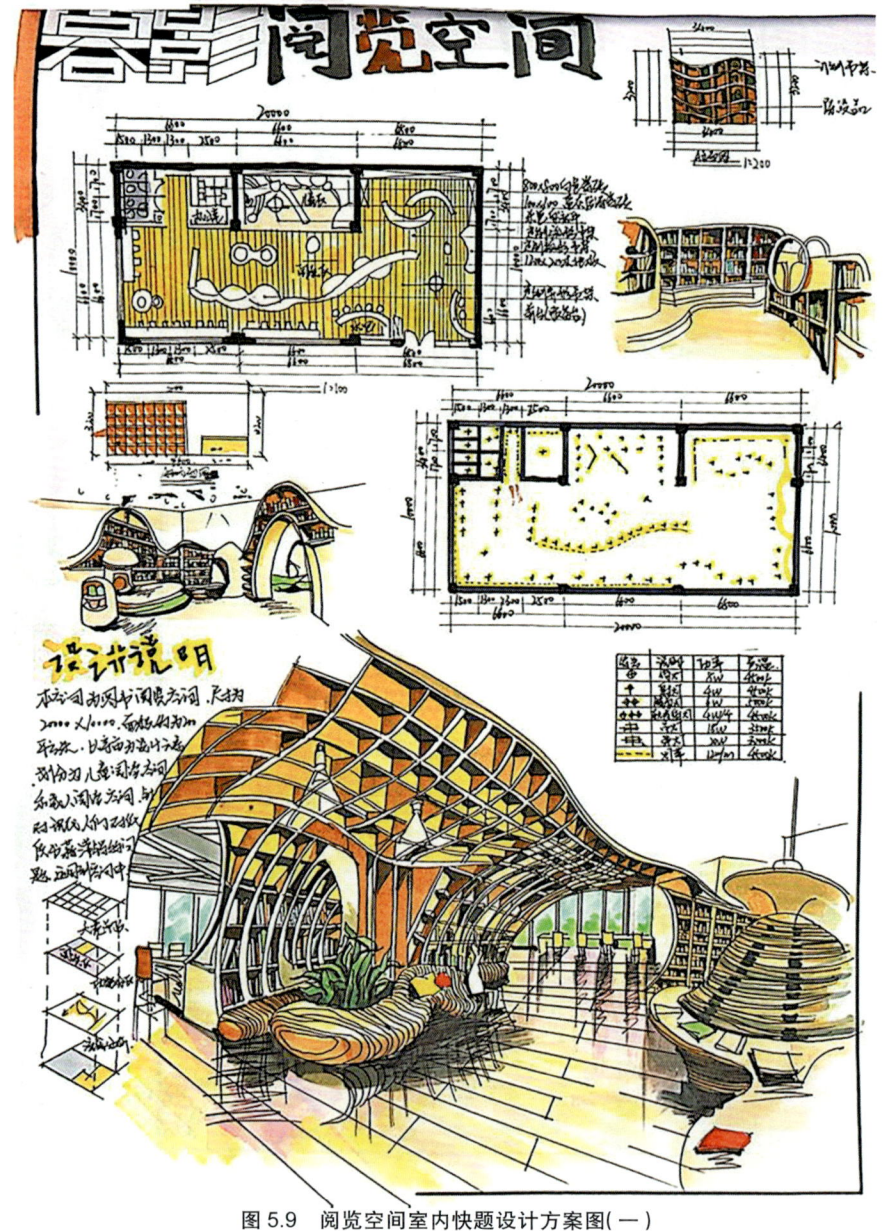

图 5.9 阅览空间室内快题设计方案图(一)

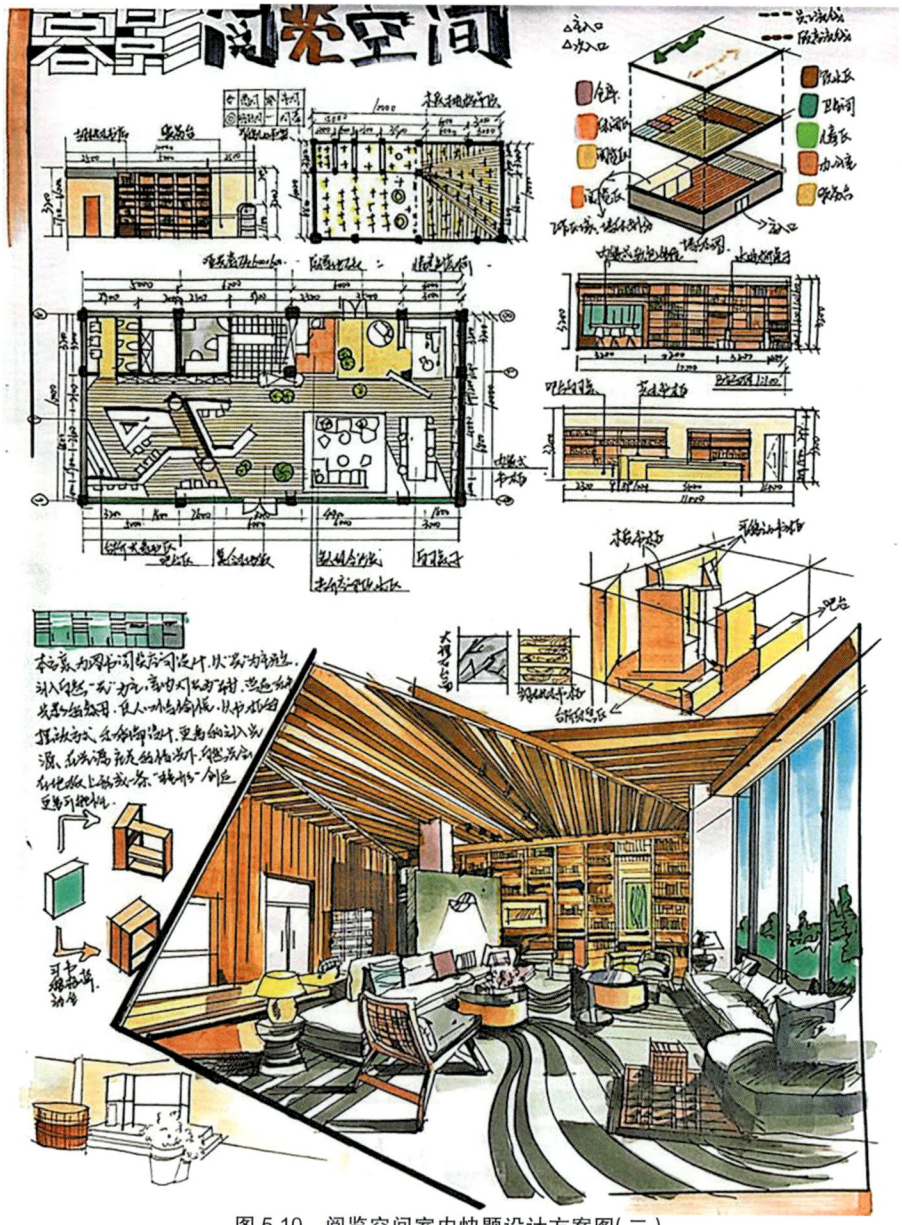

图 5.10 阅览空间室内快题设计方案图(二)

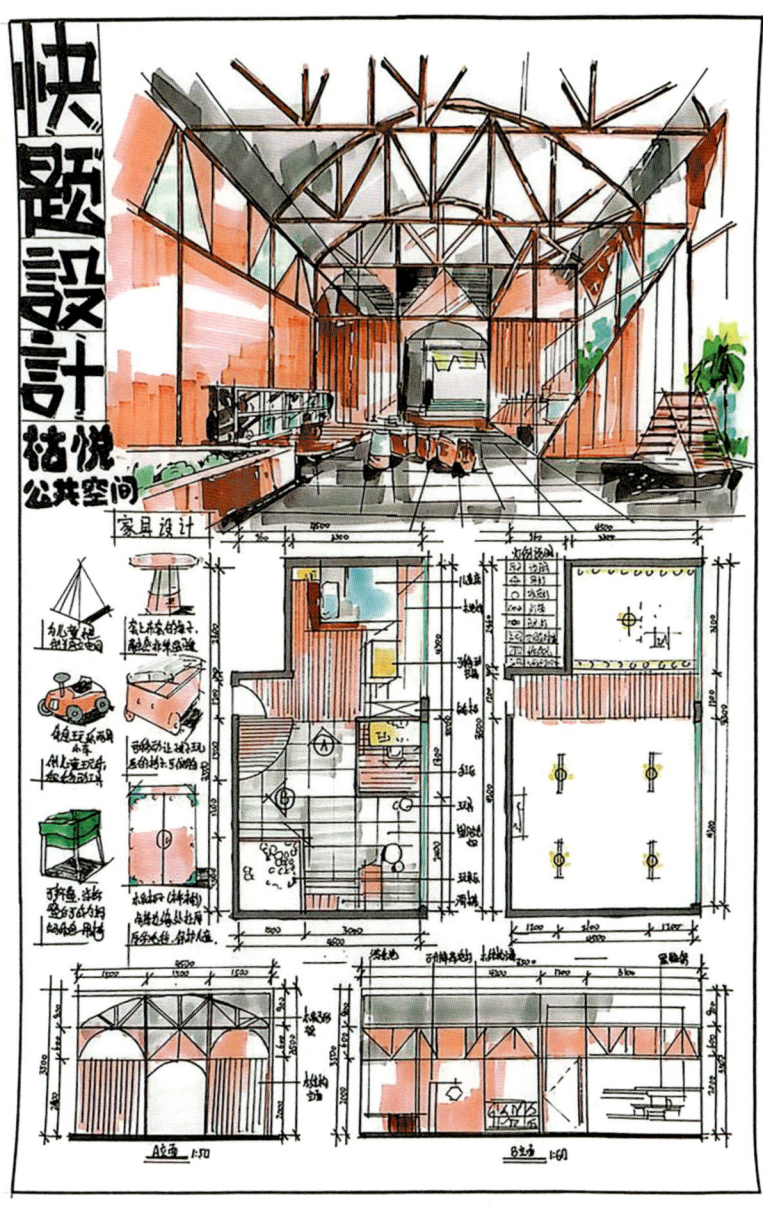

图 5.11 公共空间室内快题设计方案图(一)

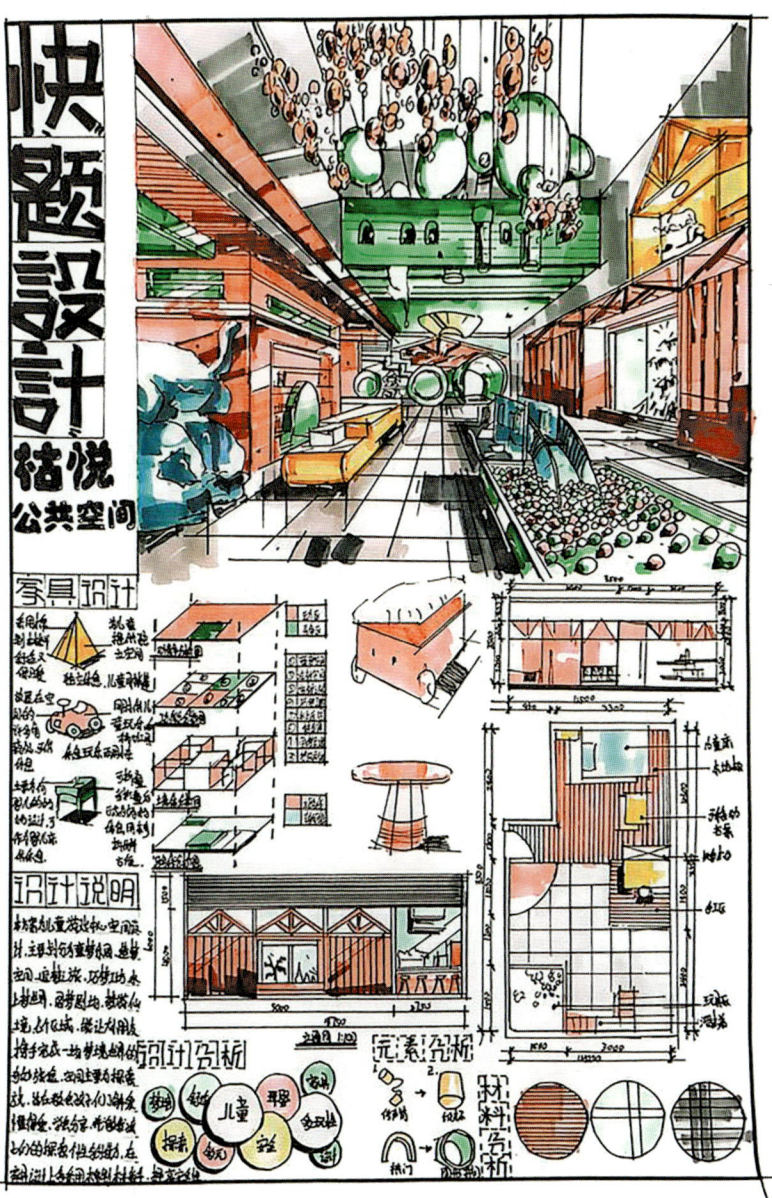

图 5.12 公共空间室内快题设计方案图(二)

5.2 景观快题设计案例评析

5.2.1 公园快题设计评析

5.2.1.1 设计概念与定位

公园快题设计首先需要明确设计概念和定位。设计概念应围绕公园的主题、特色和功能展开,确保公园能够满足游客的休闲、娱乐、运动等多种需求。同时,设计定位应考虑到公园所处的地理位置、周边环境以及目标游客群体,使公园与周围环境相协调,更好地服务于市民。

5.2.1.2 功能布局与交通流线

(1)功能分区。公园的功能布局应合理划分不同区域,如入口广场区、儿童游乐区、运动健身区、休闲游憩区、生态观赏区等。这些区域之间应有明确的边界和过渡,使游客能够轻松找到所需的功能区域。

(2)交通流线。公园的交通流线应清晰明了,方便游客游览。主要道路应宽敞平坦,次要道路应灵活多变,以满足不同游客的游览需求。同时,应充分考虑无障碍设计,方便老年人、残疾人等特殊群体的游览。

5.2.1.3 景观元素

(1)植物景观。植物是公园景观的重要组成部分。应选用适应当地气候和土壤条件的植物种类,通过合理的植物配置和种植方式,营造层次丰富的植物景观。同时,应注重植物的季相变化,使公园四季有景可赏。

(2)水体景观。水体景观能够增添公园的动感和生机。应根据公园的实际情况设计合适的水体形式,如湖泊、溪流、喷泉等。同时,应注重水体的水质保持和安全管理,确保游客的安全。

(3)小品构筑物。小品构筑物是公园景观中的点睛之笔。应根据公园的主题和文化特色设计合适的小品构筑物,如雕塑、亭台、景观桥等。这些小品构筑物应具有独特的造型和文化内涵,能够提升公园的整体品质。

5.2.1.4 文化融合

(1)地域文化。公园设计应融入当地的地域文化元素,如建筑风格、景观元素、装饰细节等。这些文化元素能够体现公园所在地区的历史底蕴和文化特色,增强游客的文化认同感。

(2)活动策划。公园不仅是游客休闲的场所,也是文化活动的载体。应策划丰富多样的文化活动,如音乐会、戏剧表演、民俗活动等,吸引更多游客前来参与和体验。

5.2.1.5 生态可持续性

(1)生态保护。在公园设计过程中,应注重生态保护和环境可持续性。应保留和恢复公园内的自然生态环境,如湿地、林地等,为野生动植物提供栖息地。

(2)节能减排。应采用节能环保的建筑材料和设施设备,如太阳能路灯、雨水收集系统等,以减少能源消耗和环境污染。

综上所述,公园快题设计需要综合考虑功能布局、景观元素、文化融合和生态可持续性等多个方面。通过合理的规划和设计,可以打造出既满足游客需求又体现地域文化和生态理念的公园景观。同时,设计师应关注细节处理和创新设计,以提升公园的整体品质和使用价值,如图5.13至图5.24所示。

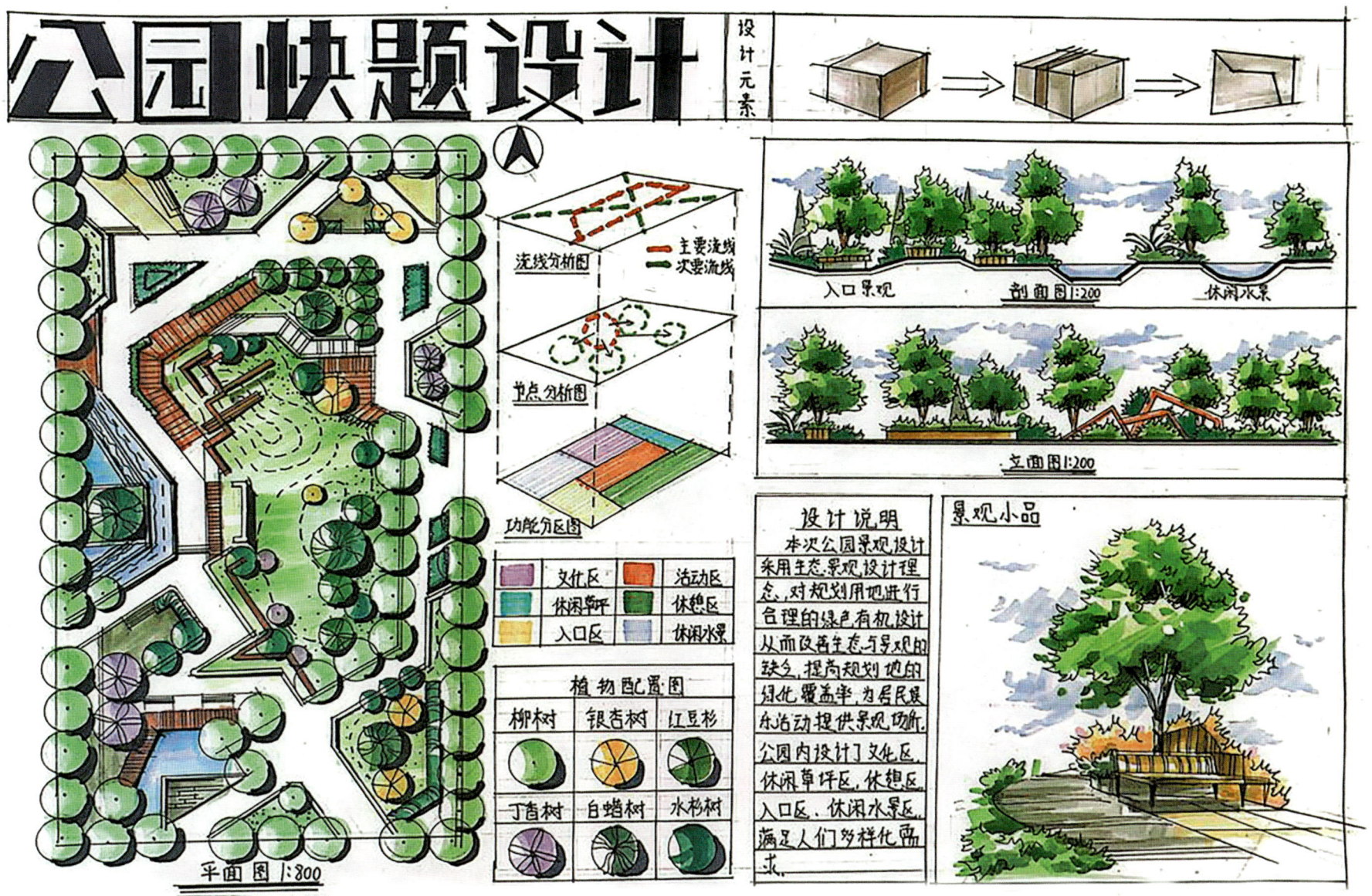

图 5.13 公园快题设计方案图(一)

图 5.14 公园快题设计方案图(二)

图 5.15　公园快题设计方案图（三）

图 5.16　公园快题设计方案图（四）

图 5.17 公园快题设计方案图(五)

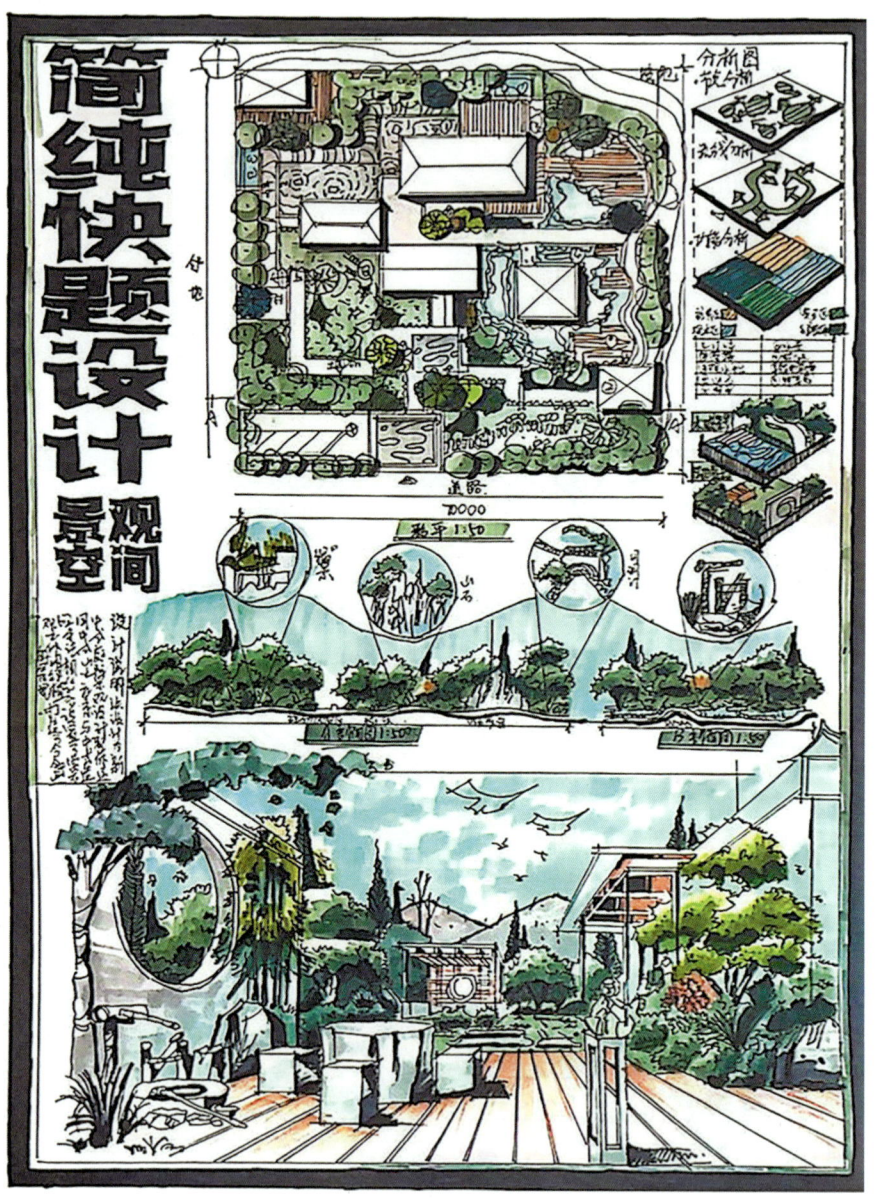

图 5.18 公园快题设计方案图(六)

图 5.19 公园快题设计方案重点景观节点效果图

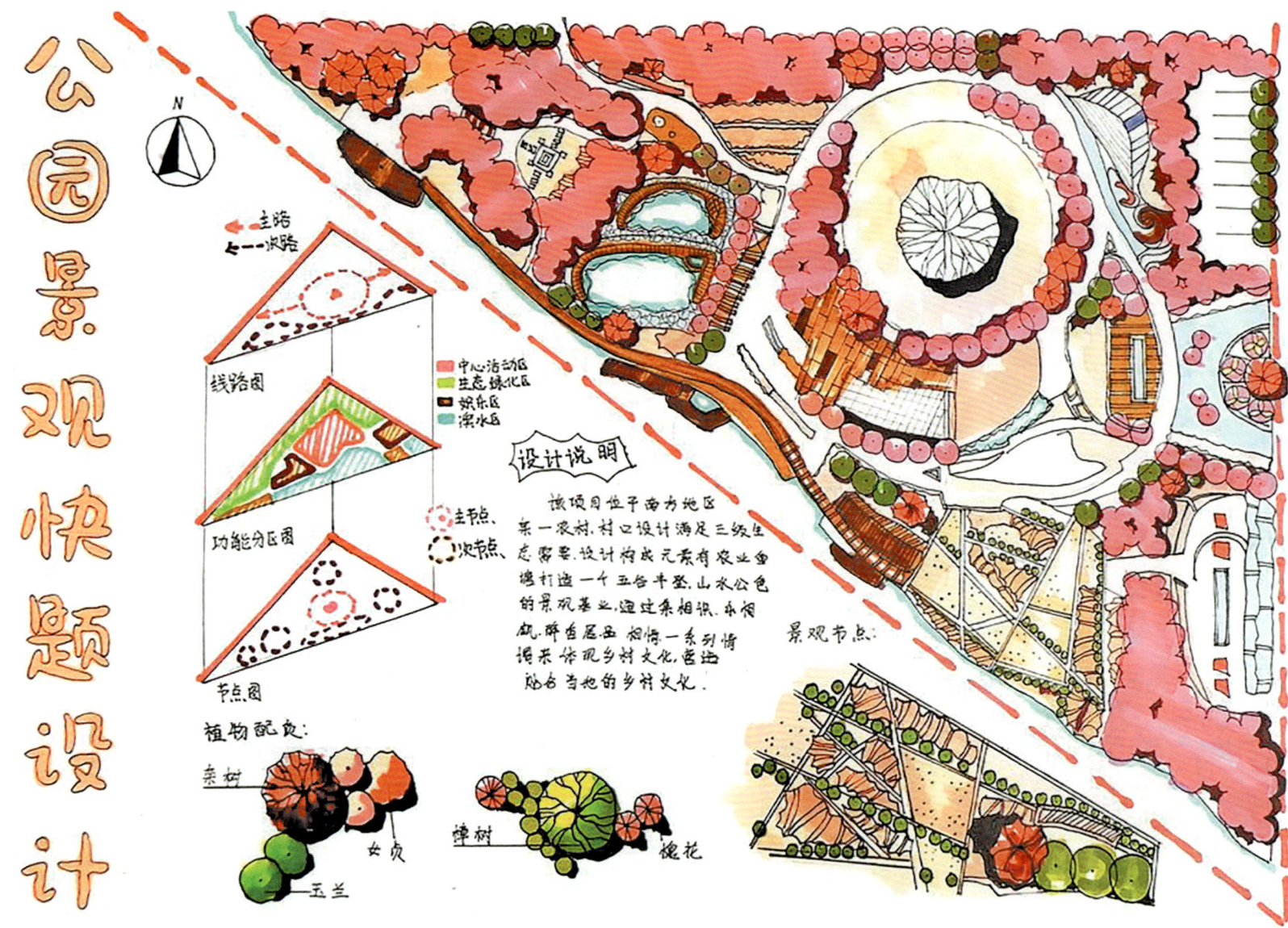

图 5.20 公园景观快题设计方案图(一)

图 5.21　公园景观快题设计方案图（二）

图 5.22 公园景观快题设计方案图（三）

图 5.23 广场景观快题设计方案图（一）

图 5.24 广场景观快题设计方案图（二）

5.2.2 广场景观快题设计评析

5.2.2.1 设计概述

广场景观设计作为城市公共空间的重要组成部分,其设计质量和效果直接影响到城市居民的生活质量和城市形象。本次评析将围绕设计原则、功能布局、景观元素和文化融合等方面展开。

5.2.2.2 设计原则评析

(1)多样性与整体性原则。设计应体现广场的多样性,满足不同人群的活动需求,如休闲、娱乐、交流等。整体性原则要求广场与周边环境相协调,形成统一的城市风貌。

(2)宜人性原则。广场设计应充分考虑人的使用感受,创造舒适、安全、便捷的公共空间。通过合理的空间布局和景观设计,营造宜人的环境氛围。

(3)生态性原则。广场设计应注重生态平衡,采用环保材料和节能技术,实现可持续发展。充分利用自然元素,如植物、水体等,营造生态友好的景观环境。

5.2.2.3 功能布局评析

(1)空间划分合理。广场空间应划分为不同的功能区域,如活动区、休息区、景观区等,以满足不同活动的需求。空间划分应合理有序,避免拥挤和混乱。

(2)交通流线顺畅。广场的交通流线应设计得顺畅、清晰,方便行人、车辆等通行。充分考虑无障碍设计,确保所有人群都能方便地使用广场。

5.2.2.4 景观元素评析

(1)植物景观。植物景观是广场景观的重要组成部分,应选用适应当地气候和土壤条件的植物种类。合理的植物配置和种植方式,能营造层次丰富的植物景观,增加广场的绿化面积和提高生态效益。

(2)水体景观。水体景观能够增添广场的动感和生机,应根据广场的实际情况设计合适的水体形式。注意水体的水质保持和安全管理,确保水体景观的可持续性和安全性。

(3)小品构筑物。小品构筑物是广场景观中的点睛之笔,应根据广场的主题和文化特色进行设计。合理的小品构筑物配置,能增强广场的趣味性和增加广场的文化内涵。

5.2.2.5 文化融合评析

(1)体现城市文化。广场景观设计应体现所在城市的文化特色和历史底蕴,传承和弘扬城市文化。景观元素和符号的运用,能展现城市的文化魅力和精神风貌。

(2)融合现代元素。在传承城市文化的同时,广场景观设计也应融入现代元素和设计理念。

通过现代材料和技术的运用,打造具有时代感和现代感的广场景观。

综上所述,广场景观快题设计评析需要从设计原则、功能布局、景观元素和文化融合等方面进行综合考量。合理的设计和规划,可以打造出既符合人们使用需求又体现城市文化和现代元素的广场景观。同时,广场景观设计也需要注重生态平衡和可持续发展,为城市居民提供一个舒适、安全、宜人的公共空间,如图 5.25 至图 5.31 所示。

思考题

思考题一

在室内快题设计中,如何平衡室内设计的艺术性与实用性?

思考题二

在景观快题设计中,如何体现地域文化与历史传承?

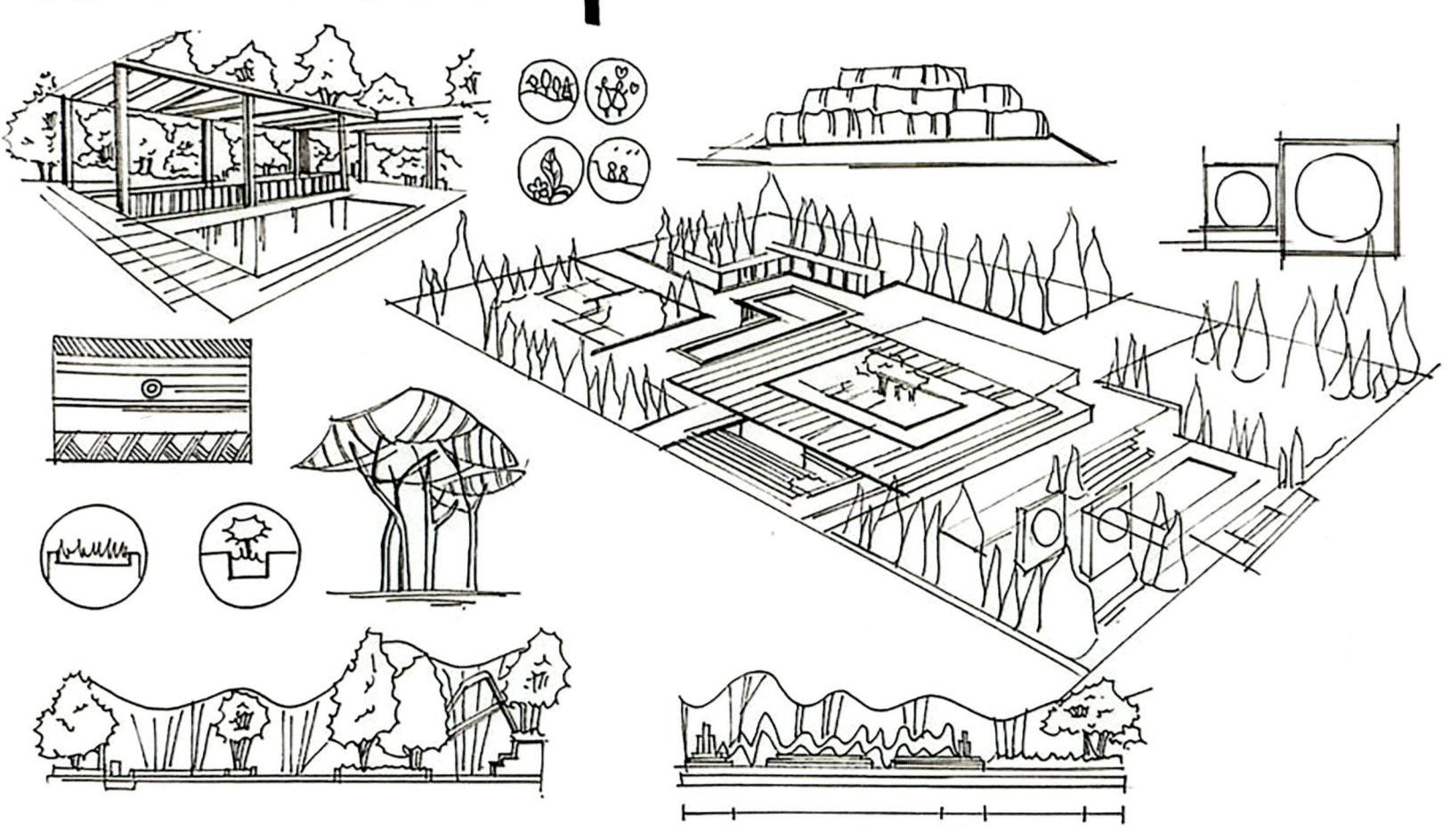

图 5.25 绿地景观快题设计方案墨线图

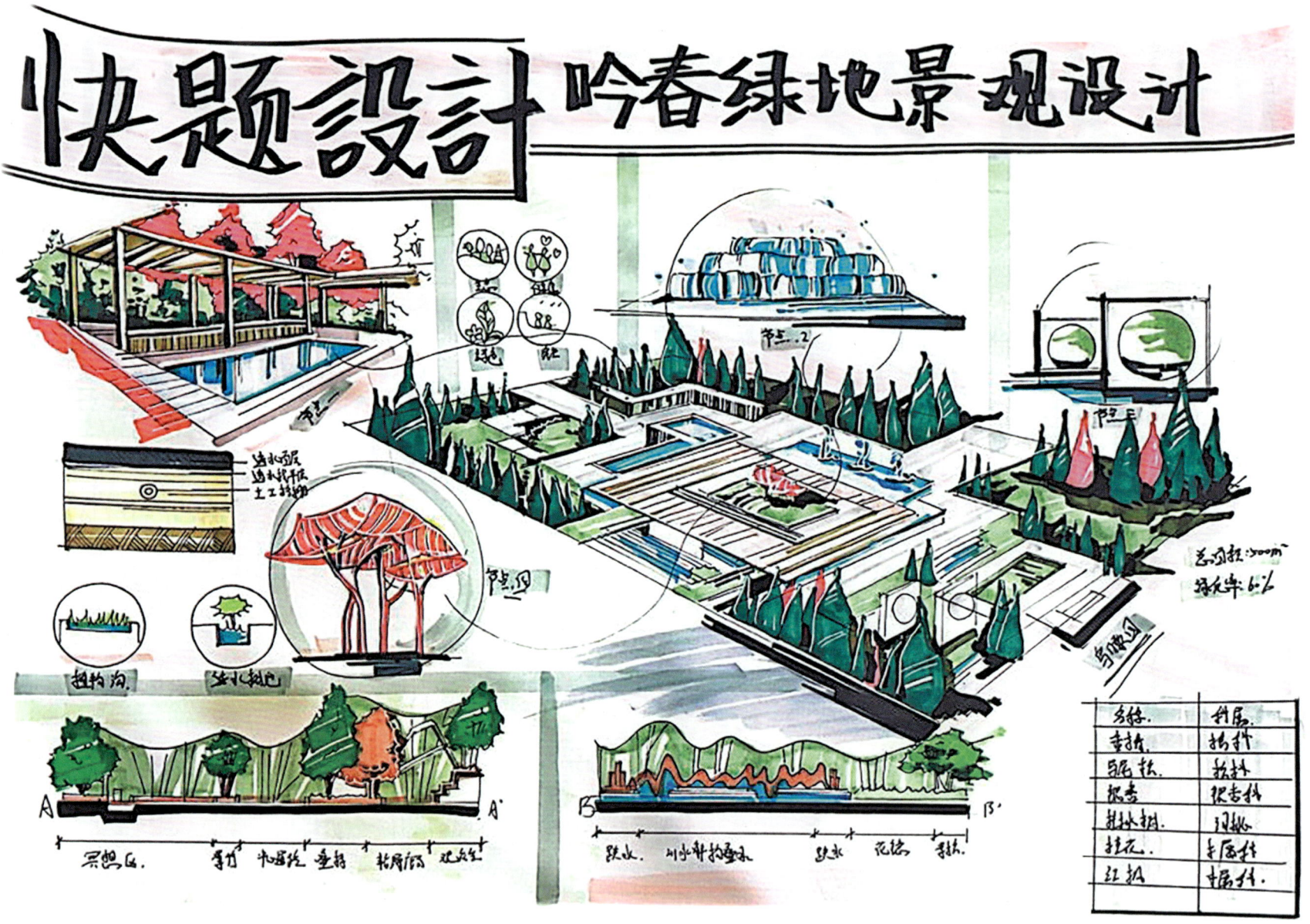

图 5.26 绿地景观快题设计方案上色图

图 5.27 广场景观快题设计方案图(一)

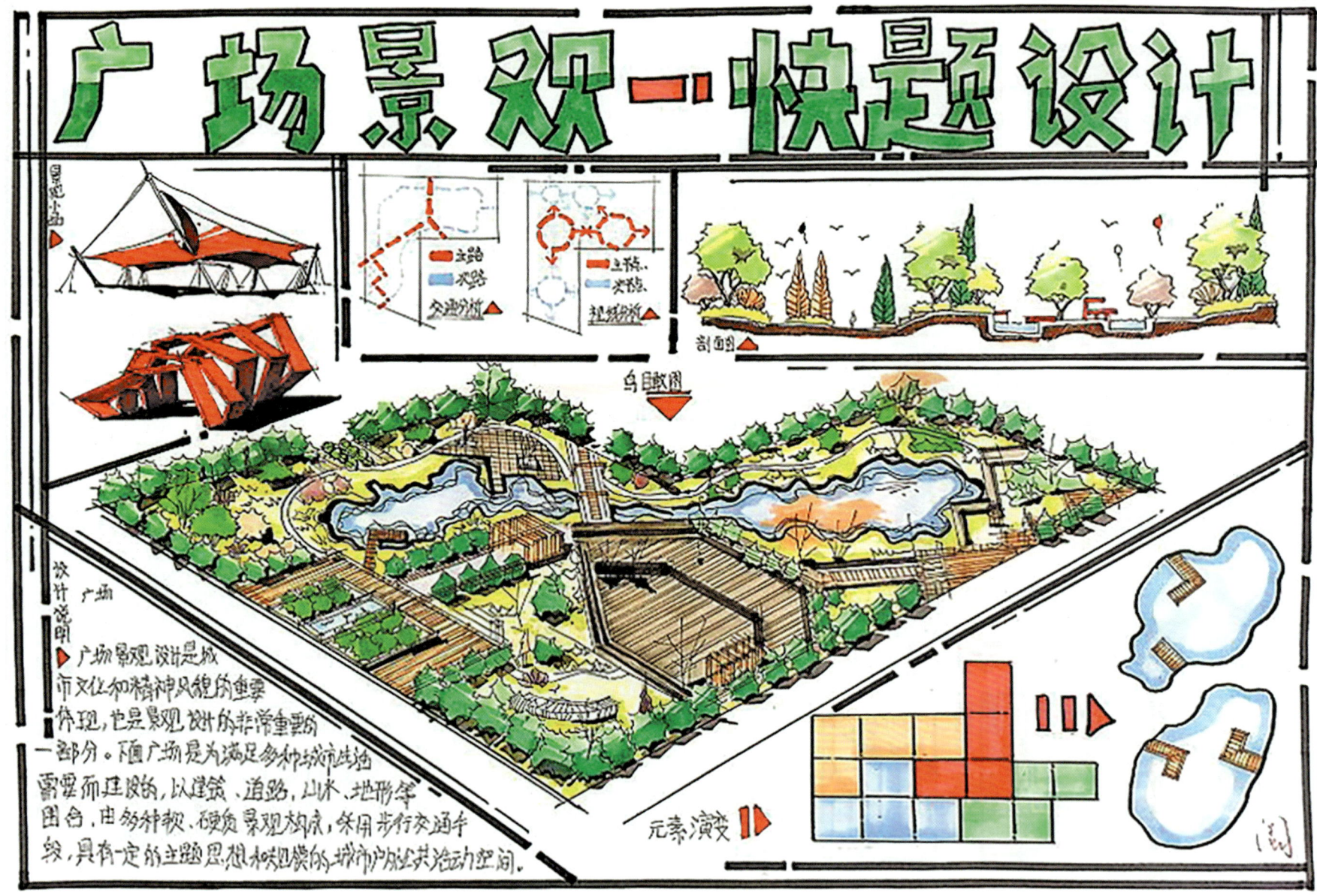

图5.28 广场景观快题设计方案图（二）

图 5.29 广场景观快题设计方案图(三)

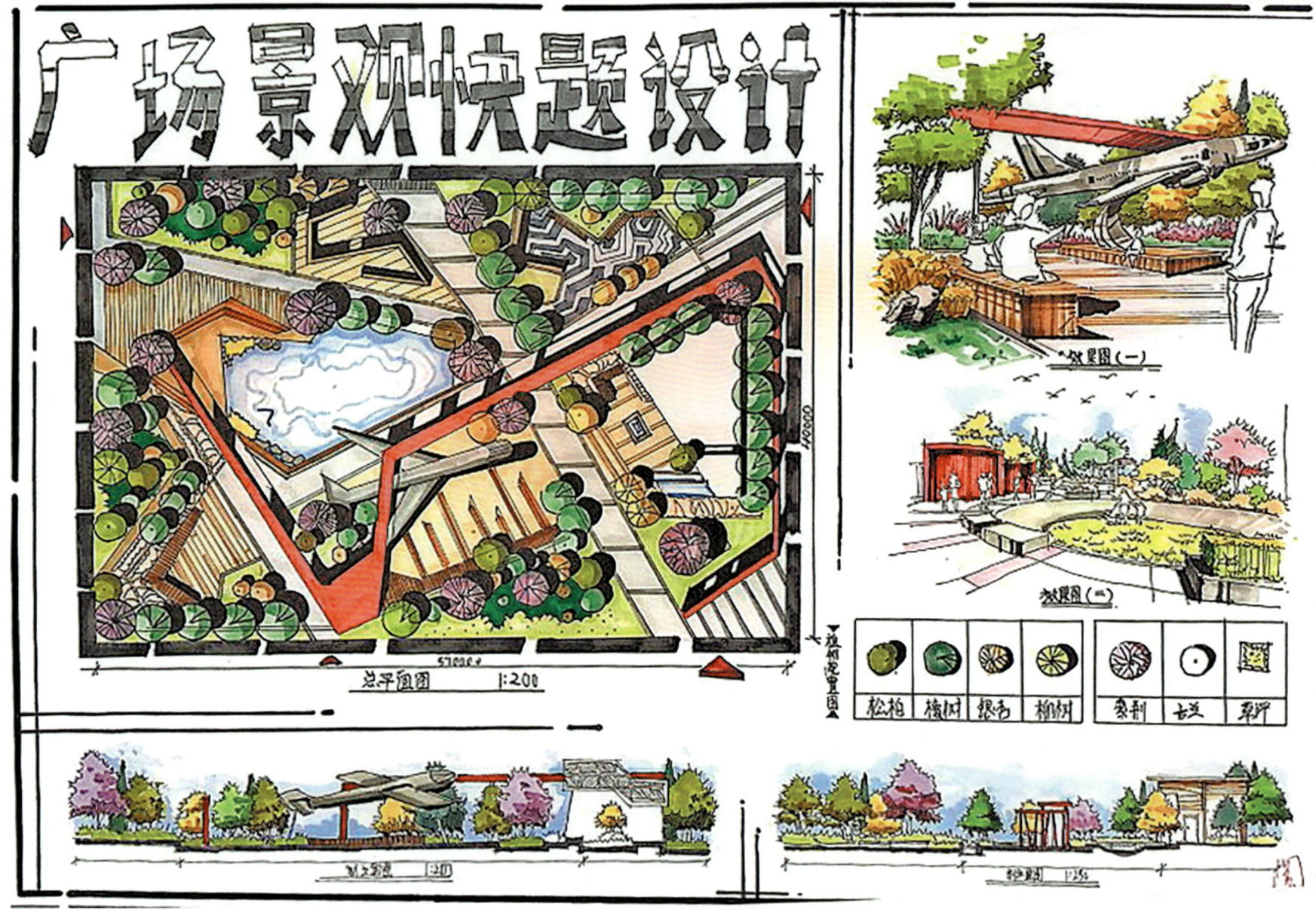

图 5.30 广场景观快题设计方案图（四）

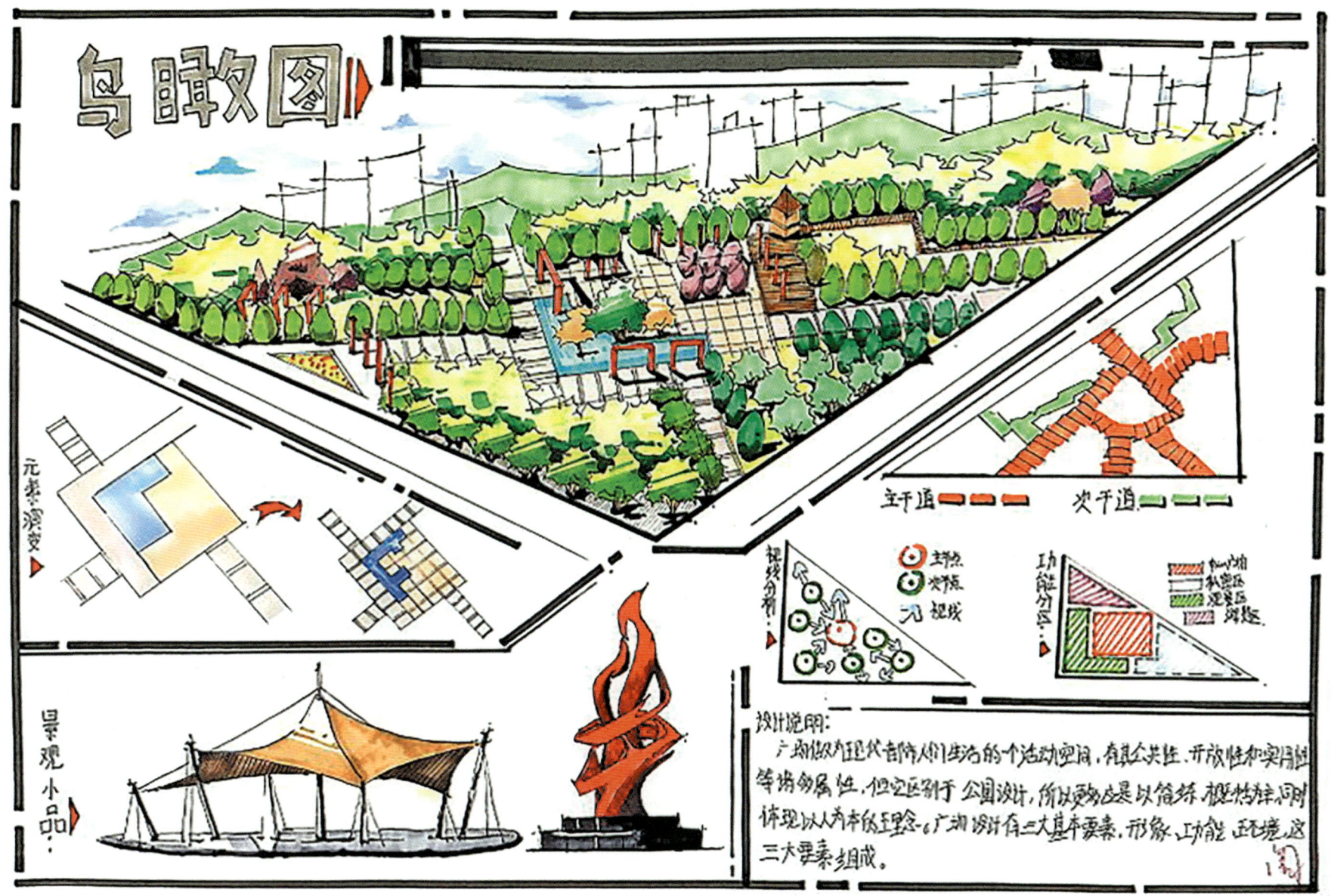

图 5.31 广场景观快题设计方案图（五）

第6章 快题设计实践应用案例

6.1 案例一 舜安军创主题酒店的客房设计方案

在辽宁"六地文化"红色旅游的背景下,我们精心设计了四个主题空间:陆军、海军、空军以及地域文化特色空间,以满足不同受众群体的需求,特别是退伍老兵、在职军人、军属、军迷和国防教育体验者。每个主题空间不仅展现了辽宁丰富的历史和文化,还展现了中国军队的辉煌历史和军事成就,如图6.1至图6.13所示。

6.1.1 客房设计主题

6.1.1.1 中国陆军主题的双床客房设计

中国陆军主题的双床客房巧妙结合了军事元素和现代舒适性。房间内的军事装备模型和壁画展示了对陆军文化的深度理解和尊重,细致再现陆军文化的特色。每位入住的宾客都能深刻感受到这份独特的军迷情怀和时代精神的传承。如图6.1所示。

图6.1 舜安军创主题酒店客房设计图(一)

设计中注重细节,例如,床头柜被重新设计成质朴的军用弹药箱,以及床头灯被富有创意地转化为突击步枪造型,这些细节不仅赋予空间深刻的历史情感,也满足了实用功能需求。

客房的设计特色体现在强烈的视觉冲击力和创新性上。电视柜灵感源于东风长轴2代猛士装甲车的坚固外观,实现了军事装备与家具的和谐融合。99A式主战坦克装甲元素的变形设计,成为独特的造型桌台,增强了空间的视觉效果和互动性。如图6.2所示。

图6.2 舜安军创主题酒店客房设计图(二)

客房内部的VR虚拟现实设备让客人身临其境地体验军事训练和战斗,增添了房间的趣味性和教育意义。整体设计精心打造了舒适而富有教育意义的住宿环境,不仅为宾客提供了休憩之所,更深刻传达了陆军文化的精髓和时代精神,实现了娱乐与学习的完美结合。

6.1.1.2 中国海军主题的套房设计

海军主题套房巧妙融合现代设计与军事风格,创造出别具一格的住宿体验。

房间以海洋的深蓝色调为基底，营造出深邃广阔的海洋氛围，让宾客感受到海军的庄严和浩瀚。如图6.3所示。

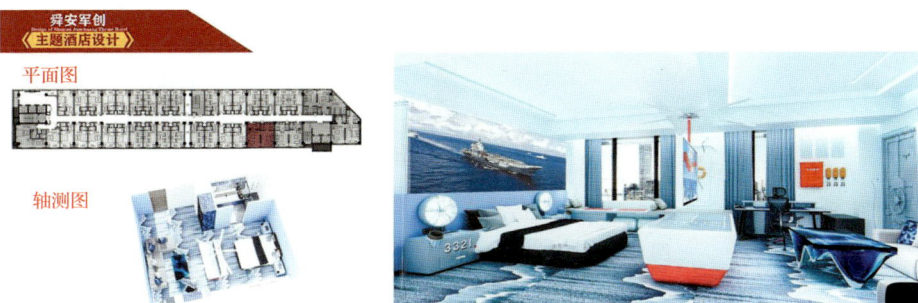

图6.3　舜安军创主题酒店客房设计图（三）

床头的设计巧妙采用了中国726型"野马"气垫船的发动机外形，与整体海军主题相契合。休息区的桌子模仿航母甲板的设计，兼具实用性与创意。

气垫船造型床是套房的亮点之一，其流线型设计模仿气垫船破浪前行的姿态，赋予床铺动感和速度感，同时增添了空间的现代感。如图6.4、图6.5所示。

图6.4　舜安军创主题酒店客房设计图（四）

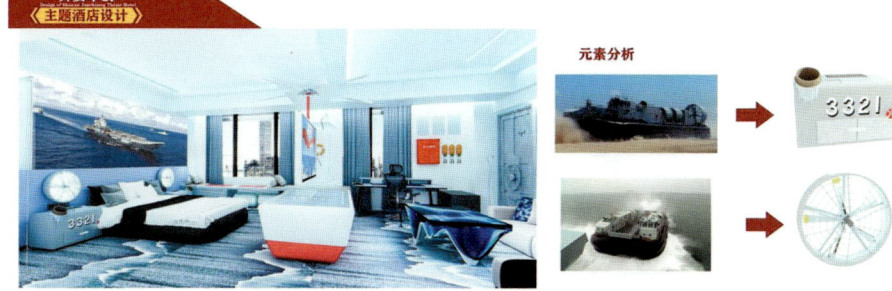

图6.5　舜安军创主题酒店客房设计图（五）

墙面上的航母壁画和电视中岛台的直升机螺旋桨造型设计，形成宾客仿佛置身于广阔海域中的航母上的视觉效果，增强了空间的立体感和军事特色。壁画旁巧妙设计的舷窗造型不仅增添了房间的开阔感，同时引入了充足的自然光照，使整个空间更加明亮，提升了居住的舒适度。

客房内配备的VR设备提供宾客操控舰船的虚拟现实体验，不仅为房间增添娱乐功能，也使宾客能够更深入地理解和体验中国海军文化。如图6.6所示。

图6.6　舜安军创主题酒店客房设计图（六）

海军主题套房的设计考虑到了视觉美感与功能实用性的平衡，致力于在现代舒适的环境中，让宾客感受到海军的威严与浩瀚，提供难忘的住宿体验。如图6.7所示。

图 6.7　舜安军创主题酒店客房设计图（七）

6.1.1.3　中国空军主题的大床房设计

空军主题大床房的设计追求将现代室内空间与空军文化相结合。以天空蔚蓝为基调，墙面上的战斗机壁画和装饰画营造出身临其境的飞行体验。设计中巧妙融入飞机元素，如舷窗造型镜面和航空引擎艺术装置，增强了空军主题的视觉冲击力。如图 6.8 所示。

图 6.8　舜安军创主题酒店客房设计图（八）

设计中的航空引擎艺术装置和起落架灵感家具增添了房间的科技氛围。床边侧桌以航空轮胎为造型，结合航空主题灯具设计，提供独特光照体验。如图 6.9 所示。

图 6.9　舜安军创主题酒店客房设计图（九）

房间内每处细节均经过精心设计，体现科技感和未来感。例如，以飞机起落架为灵感的家具设计，既美观又实用。电视背景墙以航母甲板为灵感，巧妙结合实用桌面，为宾客提供功能区域。如图 6.10 所示。

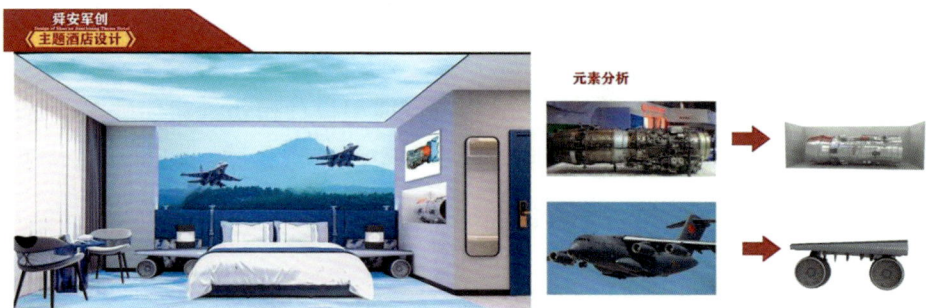

图 6.10　舜安军创主题酒店客房设计图（十）

6.1.2　客房设计特色

东北地域性特色客房巧妙地将辽宁省红色旅游的核心理念与东北抗日联军的时代背景相结合，营造一种充满地域特色的时代历史氛围。此空间的设计特色从一个谜语开启："红嘴、扁腰、尾巴撅房上高"，红嘴，即烧火的灶门；扁腰，即火炕；尾巴撅房上高，即烟囱。这三样是东北抗日联军时期的居室空间必不可少的组成部分，首尾贯通，密不可分。如图 6.11 至图 6.13 所示。

6.1.3 客房设计手法

通过现代设计手法的融入,如现代化的照明和床品,确保了住宿的舒适性,同时也让这些历史元素与当代生活完美结合。这样的设计旨在让宾客在品味历史的同时,也能享受到现代的便利和舒适,提供了一个历史与现代交融的独特住宿体验。

这间客房不仅是一处住宿空间,更是一段历史的传述,为住客提供了一次沉浸在东北抗日联军历史中的独特体验,同时也弘扬了辽宁省丰富的"六地文化"和红色旅游的核心理念。

以上四个主题空间的设计,不仅体现了"辽宁新时代六地"及"红色六地"融入室内设计的研究正成为一个重要的创新方向,也是对中国军队历史和文化的一次深情致敬。这些主题空间旨在为宾客创造一个既能够回忆与学习军事历史,又能够享受现代舒适生活的独特空间,让每位宾客在这里都能找到属于自己的故事和体验。

图 6.11 舜安军创主题酒店客房设计图(十一)

图 6.12 舜安军创主题酒店客房设计图(十二)

图 6.13 舜安军创主题酒店客房设计图(十三)

6.2 案例二　内蒙古阿尔山市市民广场景观设计方案

6.2.1 定位及愿景

这里的天空湛蓝，

这里的山泉甘甜，

这里的河水清澈，

这里的我们笑得那么自然。

这里是阿尔山，

拥有着温泉、森林，

和我梦幻般记忆的阿尔山……

6.2.2 设计方案

内蒙古阿尔山市市民广场景观设计方案如图6.14至图6.30所示。

地理位置： 阿尔山市位于内蒙古自治区兴安盟西北部，横跨大兴安岭西南山麓，是兴安盟林区的政治、经济、文化中心。

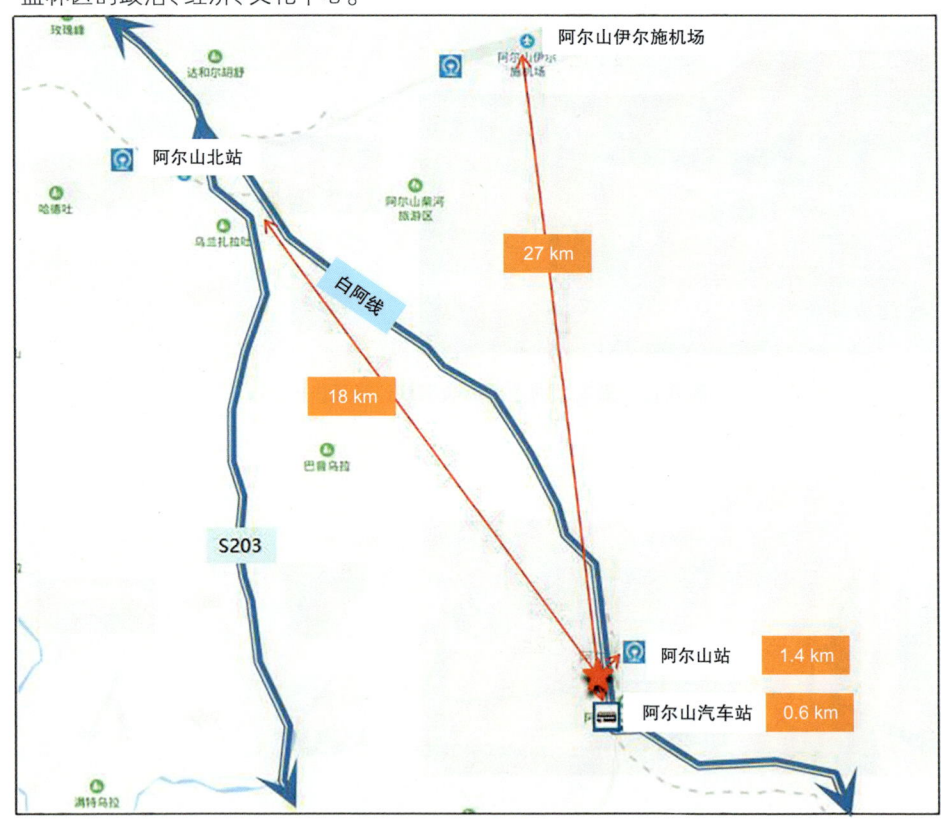

图6.14　区位分析图

第6章 快题设计实践应用案例

周边配套分析

◆ 项目位于阿尔山市西南侧，依山靠水，空间景观设计根据场地周边情况，强化阿尔山市的景观特色，改善阿尔山市的景观面貌。项目的建设是阿尔山市繁荣的重要推动力，以景观的建设为契机，提升周边地块价值。

◆ 场地西高南低，地势相对较为平坦。

◆ 景观设计面积 42684 m²。

■ 综合
■ 酒店公寓
■ 交通枢纽站
■ 景区

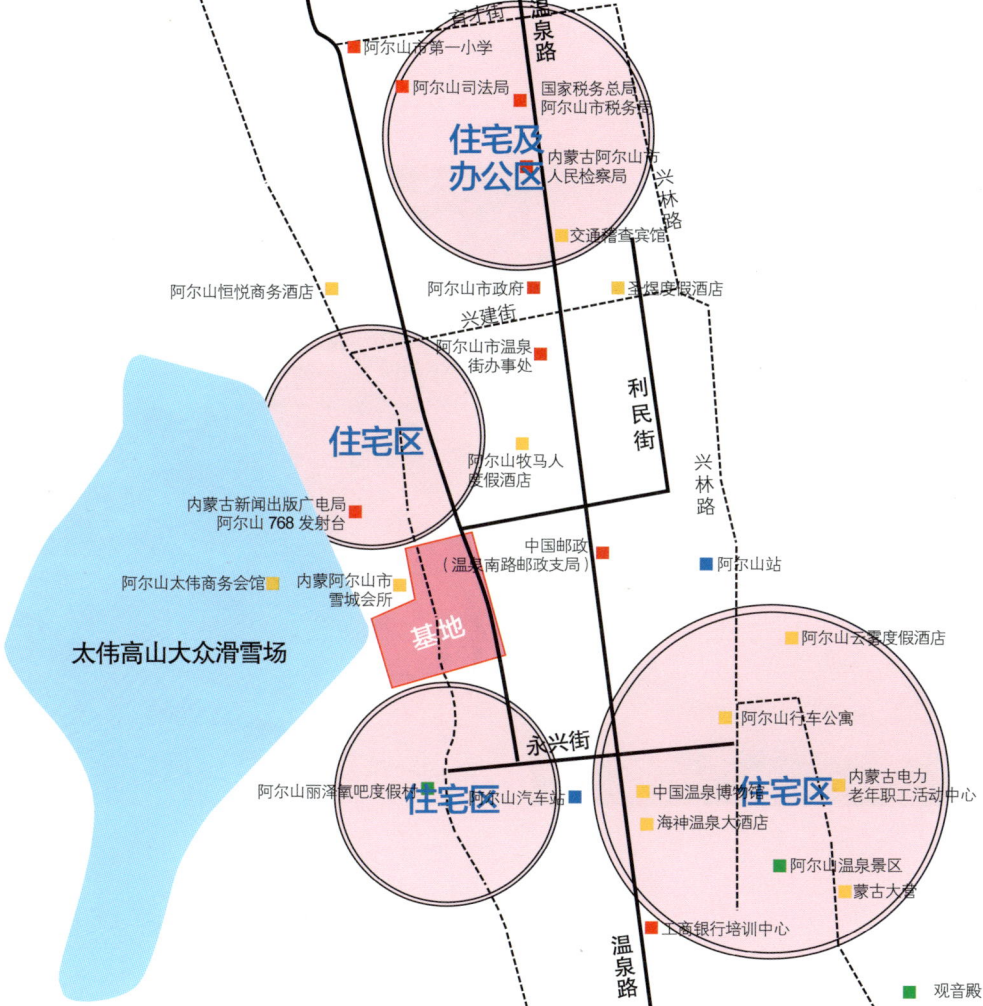

图 6.15 周边配套分析图

— 151 —

城市符号提炼

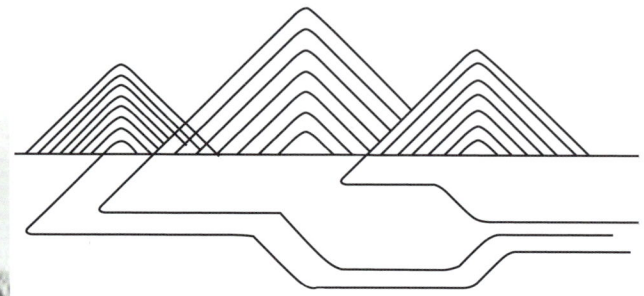

山川格局

景观设计融入内蒙大山大水的山川格局,抽象提炼出山体元素进行景观语言转化,形成整体景观的大格局。

这一设计分别运用在地面铺装样式、景观构筑物样式、入口 LOGO 墙样式等方面,彰显了阿尔山的气魄。

图 6.16　城市符号提炼

设计推演

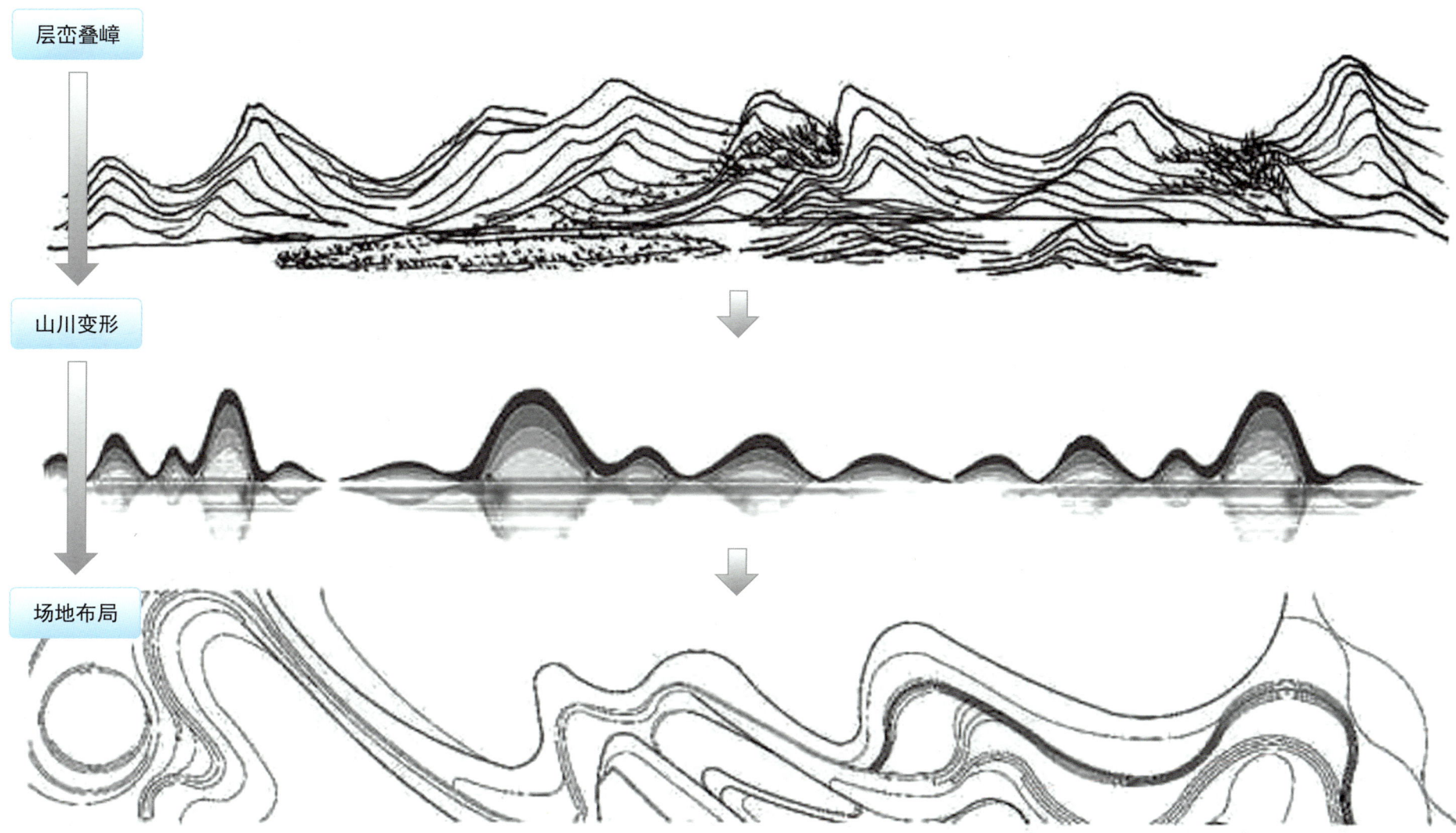

图 6.17　设计推演图

设计理念

山川格局

设计一条有"宽度"的环带

(1) 绿地宽度：外围绿化的宽度范围，旨在打造广场的多层次空间。
(2) 功能宽度：充分利用场地地形，将道路进行环状利用，打造一系列连续的环状广场步行路，以疏林草地和林下活动空间为主体，形成一系列游憩及景观场所。
(3) 空间宽度：根据场地尺寸，对铺装空间、道路通行空间、绿地空间等几大空间进行梳理，以保证市民到达每一个空间都能获得最佳舒适度。
(4) 景观构筑物：在场地内设计，并设置约2000 m的异形廊架，以增强空间的延伸感。

图6.18 设计理念图

第6章 快题设计实践应用案例

总平面图

① 跨河桥
② 声光电展示廊
③ 桥下口
④ 圆形广场
⑤ 异形大廊架
⑥ 阵列圆形树池
⑦ 开阔草坪
⑧ 弧形廊架
⑨ 健身跑道
⑩ 半开敞休闲空间
⑪ 休闲座椅
⑫ 文化展示墙
⑬ 音乐喷泉广场
⑭ 异形座椅
⑮ 广场LOGO墙
⑯ 公共卫生间
⑰ 市政路

(1) 设计引入"山川"的概念,在满足绿化养护车通行要求的基础上,打造自由流畅的设计形式。

(2) 力图将新老广场连接,设计了高低不同的栈道桥体,创造了多方位可达的桥段体验空间。合理的交通流线将衔接串联各处的出入口,同时为西侧的建筑在场地红线外预留4 m的通行道路。在场地内设置公共卫生间。在具体种植设计过程中,多以草地为主,乔木多以孤植或对称种植,且在其中贯穿引入不同功能的活动空间,丰富市民广场的场地功能。

(3) 景观同时融入智慧城市科技体验空间,场地内设有智能化跑步系统、智能感应墙、智能充电桩、LED驱蚊灯等科技设施。

(4) 项目力图颠覆传统的景观公园模式,创造性地将休闲康体、观赏与体验、科技与游玩相结合,打造阿尔山地区领先的休闲公园广场。

(5) 景观设计面积42684 m²。

图6.19 总平面图

效果图

图 6.20　效果图(一)

效果图

图 6.21　效果图（二）

效果图

图6.22 效果图(三)

中心廊架

(1) 弧形廊架不仅承载着遮阳避雨的使命，同时在广场上起到景观地标的作用。其浪漫的曲线形式，与地面铺装相呼应。

(2) 廊架顶部采用玻璃和铝板相结合的材质，框架结构采用鸟巢的规则式处理手法，在透光的基础上达到美观效果。

❶ 跨河桥台阶下口
❷ 焦点绿化植物
❸ 弧形廊架
❹ 斑驳绿化
❺ 镂空玻璃

图 6.23　中心廊架分析图

中心廊架效果图

图 6.24　中心廊架效果图（一）

中心廊架效果图

图 6.25 中心廊架效果图(二)

环带铺装

(1) 场地中心为景观廊架,外围通过铺装变换来打造多样的地面铺装,紧扣设计主题,将弧形布局运用到极致。

(2) 铺装上设计了带状环形跑道,以满足健身人群的需求。

(3) 在斑驳绿化地设置弧形景墙,展示阿尔山地区的人文及自然景观。

(4) 同时设计了公共卫生间,以满足功能需求。

❶ 桥台阶下口
❷ 健身步道
❸ 圆形围树座椅
❹ 弧形铺装
❺ 系列景墙
❻ 曲线座椅
❼ 入口山形景观雕塑

图 6.26 环带铺装分析图

环带铺装效果图

图6.27 环带铺装效果图

外围绿化空间

(1) 绿化设计环绕广场，打造出广场外围的绿化丛，而内部广场空间则保持开放，场地西侧设置小的绿化开口。

(2) 场地中心的绿化以孤植为主，周边的绿化则通过组团式及群植的方式打造，共同营造绿意盎然的广场景观。

❶ 组团绿化
❷ 孤植乔木
❸ 起伏地形
❹ 小路
❺ 入口背景彩叶树

图 6.28　外围绿化空间分析图

外围绿化空间效果图

图 6.29 外围绿化空间效果图（一）

外围绿化空间效果图

图6.30 外围绿化空间效果图(二)

思 考 题

思考题一
如何理解舜安军创主题酒店的客房设计主题？舜安军创主题酒店的客房设计有哪些特色？

思考题二
内蒙古阿尔山市市民广场景观方案设计的设计主旨是什么？

参 考 文 献

[1] 任全伟.园林景观快题手绘技法[M].2版.北京:化学工业出版社,2023.

[2] 韩冬,丛林林,郑文俊.景观快题设计[M].武汉:华中科技大学出版社,2023.

[3] 张光辉,金山.景观快题设计与表达[M].2版.北京:中国林业出版社,2019.

[4] 覃永晖,余祥晨.景观设计手绘技法与快题设计[M].北京:人民邮电出版社,2023.

[5] 吕律谱,贾立群,余祥晨,等.环艺景观快题考研高分攻略——手绘表现案例解析[M].广西:广西师范大学出版社,2023.

[6] 贾新新,唐英.景观设计手绘技法从入门到精通[M].2版.北京:人民邮电出版社,2020.

[7] 三道手绘考研快题设计培训中心.景观快题设计方案:方法与评析[M].武汉:华中科技大学出版社,2013.

[8] 蒋柯夫,张文茜,杜健.卓越手绘景观快题设计100例[M].武汉:华中科技大学出版社,2019.

[9] 李国涛,邱蒙,高奥奇,等.景观快题设计手绘表现[M].上海:东华大学出版社,2017.

[10] 张姣艳,杜健,吕律谱.卓越手绘室内快题设计100例[M].武汉:华中科技大学出版社,2019.

[11] 庐山艺术特训营教研组.室内设计手绘表现[M].沈阳:辽宁科学技术出版社,2016.

[12] 杜健,吕律谱.30天必会室内手绘快速表现[M].2版.武汉:华中科技大学出版社,2021.

[13] 金荣科,兰鹏.室内外快题设计[M].北京:轻工业出版社,2022.

[14] 孙大野,徐明.室内设计·考研快题设计范本[M].北京:中国建筑工业出版社,2017.

[15] 周子乔,何婧,杜健.卓越手绘建筑快题设计100例[M].武汉:华中科技大学出版社,2019.